你只要笑，就没有输

你只要笑，就没有输

钟豫 编著

民主与建设出版社
·北京·

© 民主与建设出版社，2024

图书在版编目(CIP)数据

你只要笑，就没有输 / 钟豫编著 . -- 北京 : 民主与建设出版社，2024.3
ISBN 978-7-5139-4529-5

Ⅰ.①你… Ⅱ.①钟… Ⅲ.①人生哲学—通俗读物 Ⅳ.① B821.2-49

中国国家版本馆 CIP 数据核字（2024）第 052392 号

你只要笑，就没有输
NI ZHIYAO XIAO JIU MEIYOU SHU

编　　著	钟　豫
责任编辑	郝　平
封面设计	阳春白雪
出版发行	民主与建设出版社有限责任公司
电　　话	（010）59417747　59419778
社　　址	北京市海淀区西三环中路 10 号望海楼 E 座 7 层
邮　　编	100142
印　　刷	唐山楠萍印务有限公司
版　　次	2024 年 3 月第 1 版
印　　次	2024 年 3 月第 1 次印刷
开　　本	680 毫米 × 920 毫米　1/16
印　　张	12
字　　数	100 千字
书　　号	ISBN 978-7-5139-4529-5
定　　价	38.00 元

注：如有印、装质量问题，请与出版社联系。

前言

人生一世，草木一秋。人的一生究竟应该怎样度过？相信很多人都畅想过、思考过……然而，面对现实的压力、社会的纷繁、利益的纠纷，还能笑着面对生活的人，实寥寥无几。

著名画家黄永玉说："人只要笑，就没有输。"人的一生，注定不会平顺坦荡，也注定不会事事如愿。面对种种的挫折和苦难，若总是以愤怒、抱怨、急躁、垂头丧气，甚至失控的情绪来应对，自然免不了出现糟糕局面。倘若能看开一切，以一种自信坚韧、乐观豁达的态度去面对生活的种种刁难，结果自然会逐步向好。

在酸甜苦辣的人生中，常能保持微笑，或许能让一切困难变得渺小；或许能拉近人与人的距离；或许能在苦难与黑暗中看到前进的希望；或许也能让自己获得勇气，为他人带来鼓舞和力量。为了让更多的人更好地应对人生的各种困境，我们精心撰写了这本书。本书从多个角度、多个方面阐述了"笑"的真谛和意义。全书包含坚韧不拔,才能笑傲人生;做豁达的自己;抱怨少一点,快乐才会多一点;不较真儿,才会拥有惬意的人生;乐观面对生活,莫让急躁毁了你等篇章,内容贴近生活,语言通俗易懂。

你只要笑,或许就不会失去生活的勇气,就不会迷失未来的方向!

目录 CONTENTS

第一章 坚韧不拔，才能笑傲人生

第一节 有韧劲，不服输，就有无限可能……………1

半途而废是人生的一大悲剧 ……………………… 1

虎头蛇尾者，难成大器 ……………………… 4

朝三暮四者，永远一事无成 ……………………… 6

要有不服输的精神 ……………………… 8

失败了也要昂首挺胸 ……………………… 10

即使失意，也不可失志 ……………………… 12

把精力集中在有价值的事上 ……………………… 13

屡败屡战才是英雄 ……………………… 15

第二节 勇于坚持……………………… 18

坚持到底，绝不轻言放弃 ……………………… 18

怀有成为珍珠的信念 ························21

要为自己喝彩 ································23

在压力中寻求动力 ························25

每天前进一点点 ····························27

用所有的力量去争取成功 ···············30

在困境中引爆潜力 ························32

恒心能让你笑到最后 ····················34

第二章　做豁达的自己

第一节　生气是对彼此的伤害·················38

生气源于"我是对的，你是错的"·····38

愤怒，遭殃的是自己 ····················41

生气会给周围人带来伤害 ···············42

愤怒会扰乱我们的生活 ··················45

生气会在家人之间筑起篱笆 ············48

无谓的生气只会两败俱伤 ···············51

第二节　不生气，才能活得有生气·········55

发怒之前忍一忍 ····························55

冷静面对误解和谣言 …………………………… 57

避免被"极端"同化 ……………………………… 61

不要被愤怒牵着走 ………………………………… 64

尝试改变自己的"形状" ………………………… 66

换位思考 …………………………………………… 69

要有好心境 ………………………………………… 72

第三章 抱怨少一点,快乐才会多一点

第一节 不以抱怨迎接生活挑战 ………………… 75

抱怨生活前,先认清你自己 ……………………… 75

在逆境中抱怨,等于抛弃机遇 …………………… 77

抱怨的人往往没找对方法 ………………………… 79

别抱怨泥泞,是它让你留下了脚印 ……………… 81

失去可能是另一种获得 …………………………… 84

第二节 感谢生命中的挫折 ……………………… 87

你不可能让所有人都满意 ………………………… 87

正确看待命运的冷遇 ……………………………… 89

勇敢面对生命中的不如意 ………………………… 91

反击别人，不如充实自己 …………………………………93

第四章　不较真儿，才会拥有惬意的人生

第一节　不钻牛角尖，不做死心眼…………… 95

凡事不能太较真儿 ……………………………………95

遇事要懂得转弯 ………………………………………97

不拿犯过的错误来惩罚自己 …………………………98

看到劣势，别抓住不放 ……………………………… 100

不苛求他人，不孤立自己 …………………………… 102

不让别人的心态影响自己 …………………………… 104

换种思路 ……………………………………………… 106

第二节　没有完美的世界，只有完美的心态………110

以乐观心态笑看挫折 ………………………………… 110

卸下情绪的重负 ……………………………………… 112

绕个圈子，才能避开钉子 …………………………… 114

用完美的心态笑对不完美的世界 …………………… 116

第五章　乐观面对生活，莫让急躁毁了你

第一节　事成于理智毁于急……121

　　冲动背后有魔鬼……121

　　"欲速则不达"不是一句空话……122

　　急功近利，只会劳而无功……124

　　面对生活，要学会放慢脚步……126

　　循序渐进才是做事的根本……128

第二节　动心忍性，不急躁才能成事……130

　　忍让是一种智慧……130

　　怒发冲冠，不如云淡风轻……131

　　学会疏解不良情绪……133

　　宽心制怒才可能成大器……135

第六章　遇事不失控，笑对成败得失

第一节　掌控自我……137

　　自我克制是成功的基本要诀……137

不要让他人影响你的情绪 …………………………… 138

学会控制不合理的欲望 ……………………………… 141

改变态度，你就可能成为强者 ……………………… 144

第二节　笑看人生，成败得失俱从容……………**147**

远离抱怨的情绪 ……………………………………… 147

居功不自傲，得意莫忘形 …………………………… 149

荣辱不惊，随遇而安 ………………………………… 150

不要被一时的胜利冲昏了头脑 ……………………… 152

第七章　看得开，生活就没有绝境

第一节　与人交往，看开才是大智慧……………**154**

让别人感觉他比你聪明 ……………………………… 154

不把别人比下去，不被别人踩下去 ………………… 156

喜怒不露于外，好恶不示于人 ……………………… 157

第二节　笑对苦难……………………………………**161**

人生没有绝对的苦乐 ………………………………… 161

不能改变环境，就学着适应 ………………………… 164

第八章 沉住气,积蓄力量

第一节 低头做人,才能厚积薄发……………………166
 处高位时要低头 ……………………………… 166

第二节 沉得住气,才能成大器……………………169
 流言蜚语又何妨 ……………………………… 169
 坚持不懈才能得到最大的奖赏 ……………… 171
 击败逆境,你就能笑到最后 ………………… 173

第一章
坚韧不拔，才能笑傲人生

第一节
有韧劲，不服输，就有无限可能

半途而废是人生的一大悲剧

半途而废是人生的一大悲剧。我们会发现，有些人有妥协的习惯。在困难与挫折面前，他们往往溃不成军、弃甲而逃。而那些乐观并拥有强大韧劲的成功者，则绝不轻言放弃，即使在恶劣的环境中，他们也会咬紧牙关，坚持到底。

◇你只要笑，就没有输

美国一位篮球教练，执教一个实力很差、刚刚连输了15场比赛的大学球队。这位教练给队员灌输的理念是"过去不等于未来""没有失败，只有暂时不成功""过去的失败不算什么，现在是全新的开始"。

在第16场比赛打到中场时，球队又落后了20多分。休息时每个球员都垂头丧气。教练问道："你们要放弃吗？"球员嘴上说不要放弃，可他们的神态表明，他们已经接受失败了。

于是，教练开始问问题："各位，假如今天是迈克尔·乔丹遇到连输15场，在第16场又落后20多分的情况，他会放弃吗？"

球员答道："他不会放弃！"

教练又问："假如今天是拳王阿里被打得鼻青脸肿，但在哨声还没有响起、比赛还没有结束的情况下，他会不会选择放弃？"

球员答道："不会！"

"假如美国发明大王爱迪生来打篮球，他遇到这种情况，会不会放弃？"

球员回答："不会！"

接着，教练问他们第四个问题："约翰会不会放弃？"

这时全场非常安静，有人举手问："约翰是什么人物，怎么都没听说过？"

教练带着淡淡的微笑，说："这个问题问得非常好，因为约翰以前在比赛的时候选择了放弃，所以你们从来就没有听说过他的名字！"

迈克尔·乔丹不是没有受过挫折，爱迪生也不是没有失败过，但是，他们没有半途而废，并最终实现了自己的梦想，所以球员们知道他们的名字。因为没有一个叫约翰的坚持什么东西而获得成功，所以球员们就不知道他的名字。

德国诗人歌德在《浮士德》中说："始终坚持不懈的人，最终必然能够成功。"

人生路途漫漫，失败总是不可避免的。但这一切，只不过是你通往成功之路的一块绊脚石。别为你的挫折感到伤心，别为你的坎坷感到忧愁。挫折和坎坷其实并不难战胜，只要我们不半途而废，坚持我们的理想，就会有美好的明天！

◇你只要笑，就没有输

虎头蛇尾者，难成大器

追求成功的有力武器就是拥有崇高的人生信念，坚定执着而有耐心。虎头蛇尾者，不可能与成功有缘。

要做到不虎头蛇尾，看似简单平常，却并不容易。不虎头蛇尾，就要保持阳光的心态，这是追求成功的人不可缺少的。

中国著名的国画大师齐白石，40岁才开始学画，直到60岁前，画虾还主要靠摹古。

62岁时，齐白石认为自己对虾的领会还不够深入，需要长期细心观察和写生练习。于是他就在画案上放一水碗，常年养着几只虾。

他反复观察虾的形态。然而，这个时期下的功夫，依然还是侧重追求外形。画出的虾与实物外形很像，但不能表现出虾的透明质感。65岁以后，齐白石画虾产生了一个飞跃，虾的头、胸、身躯都有了质感。从此以后，他开始专攻虾的某些部位，画虾不仅追求形似，更追求神似。

70岁时，齐白石画的虾达到了形神兼备的程度。到了80岁，齐白石笔下的虾简直是炉火纯青了。

齐白石画了这么多年的虾，从始至终，态度如一。一个对工作全力以赴、始终如一的人，必定会有所成就。

许多人做事虎头蛇尾，开始时满腔热忱，但到了中途往往会半途而废，因为他们缺乏足够的坚韧。其实，挫折会激发我们产生更多坚持下去的力量。每克服一个障碍，我们的能力也就增长了一分。正是由于对立一方的存在，才激发出了我们自身更大的力量。

许多人在形势顺利时能够努力奋斗，但是当别人已退出或向后转，自己还要孤身作战，还能坚持不放手，就很难了。

当面对前进的障碍时，我们应该先问一问自己：有持久心吗？有耐性吗？能在失败之后仍然坚持吗？能不管任何阻碍仍然努力前进吗？能做到不虎头蛇尾吗？

有人说，不虎头蛇尾者，往往表现为在困难面前比别人多坚持5分钟。能担当重任的人不仅自己具备这种能力，而且还能鼓励别人。

◇你只要笑，就没有输

朝三暮四者，永远一事无成

有一篇课文叫《小猫钓鱼》，在开始钓鱼的时候，小猫看到什么都觉得新奇。一只蜻蜓飞过来，它扔下鱼竿就去追蜻蜓。蜻蜓飞走了，小猫没追着。过了一会儿，一只蝴蝶飞过来，小猫又扔下钓鱼竿去追。蝴蝶飞走了，小猫又空着手回到河边。就这样东跑西追，小猫一直没钓到鱼。做事情三心二意、朝三暮四，这山望着那山高，稍不顺利就放弃，从来不为一件事倾尽全力，这样的人将永远一事无成。

有一个声望很高的牧师正在花园中虔诚地做祷告。一位侍女慌慌张张地跑过来，把正在祷告的牧师绊倒了，她半句道歉的话也没说，就继续往前跑了。牧师被她绊倒，加之她又没有道歉，心里非常生气。在他做完祷告时，那位侍女领着一个孩子高高兴兴地回来了。原来她匆匆忙忙地跑过去就是为了寻找这个孩子，由于太专注了，以至于连自己绊倒了牧师都不知道。此时，看到牧师一脸盛怒地站在那里，她也是很惶恐。

牧师让她解释刚才的行为，她说："对不起，牧师，我刚才一心惦念着孩子的安危，所以没有注意到您在那里。当时，您不是正在祈祷吗？您所祈祷的对象，不是比我的孩子还要珍贵千万倍吗？您怎么还会注意到我呢？"

侍女为了找自己的孩子集中注意力，而牧师祈祷时并没做到一心一意。

在生活中，一心一意，踏踏实实地往前走，总会有成功的那天；如果三心二意、朝三暮四，无法专注于一件事情，就会半途而废。

那些急于求成的人总喜欢与别人作比较，因此，他们的心里充满了过多的负累，无法欣赏自己真正拥有的东西。

其实，我们不必对自己太苛求，别人也不一定就能够做得多好。每一个人都有让别人羡慕的东西，也都有缺憾，没有一个人能拥有世界的全部，重要的是自己的心态。那些心态阳光的人，也许生活条件并不比别人好，只是他能接受，觉得过得很好而已。

所以，要学会欣赏自己的生活。如果自己做出改变能感到愉快，那就做一些改变；如果改变了以后心情不愉快，那么即使别人如何建议，也不要盲从。如果没有能力去改变的话，也不要强求自己，要学会欣赏自己现在所拥有的一切，要接受自己不完美的地方。

我们要用"和自己赛跑，不和别人比较"的心态来面对生活，一心一意往前走。朝三暮四，只会让我们一事无成。

要有不服输的精神

落榜、失恋、失业……现实中，你是否四处碰壁、伤痕累累？你是否常怨恨、畏惧？

先来看看这些人曾经有过的遭遇吧！

彼得·丹尼尔小学时常遭到老师菲利浦太太的责骂："彼得，你功课不好，脑袋不行，将来别想有什么出息！"彼得在26岁前仍然大字不识几个。有一次，一位朋友念了一篇《思考才能致富》的文章给他听，这给了他相当大的启示。现在他买下了当初他常打架闹事的街道，并且出版了一本书——《菲利浦太太，你错了》。

亨利·福特在成功前曾破产过5次。

丘吉尔的前半生也充满失败与挫折，直到62岁他当上英国首相后，才开始有一番作为。

有一位年轻记者问爱迪生失败了这么多次的感想，他说："我从未失败过一次。我发明了灯泡，而那整个发明过程刚好有两千个步骤。"

德国作曲家贝多芬在完全丧失听觉后完成了包括五首交响乐在内的多部作品。

1952年，埃德蒙·希拉里想要攀登世界最高峰——珠穆朗玛峰。在他失败后数周，他被邀请到英国一个团体演讲。希拉里走到讲台边，握拳指着山峰照片大声说："珠穆朗玛峰！你第一次打败我，但是我将在下一次打败你，因为你不可能再变高了，而我却仍在成长中！"仅仅一年以后，埃德蒙·希拉里成为第一位成功攀登珠穆朗玛峰的人。

……

从这些心态乐观者的人生际遇里，我们可以认识到，人要有不服输的精神。

不服输者屡败屡战，愈战愈勇，多会赢得最后的胜利。楚汉

◇你只要笑，就没有输

相争，垓下一战，汉军逼得项羽自刎乌江；奥运健将王义夫在比赛中一波三折，最后一枪问鼎……

不服输是一种可贵的拼搏进取精神。

失败了也要昂首挺胸

面对失败，我们是退缩不前，还是鼓起勇气？有这样一则故事，给了我们答案：

巴西足球队第一次赢得世界杯冠军回国时，专机一进入国境，16架喷气式战斗机立即为之护航，聚集在机场上的欢迎者达3万人。从机场到首都广场不到20千米的道路上，自动聚集起来的人超过了100万。多么宏大和激动人心的场面！然而四年前却是另一番景象。

1954年，巴西人都认为巴西队能获得世界杯冠军。可是，天有不测风云，在半决赛中巴西队意外地败给法国队。球员们悲痛至极。他们想，去迎接球迷的辱骂、嘲笑和汽水瓶吧。

飞机进入巴西领空，他们坐立不安，因为他们不知会出现什么样的景象。可是当飞机降落在首都机场的时候，巴西总统和两万名球迷默默地站在那里，他们看到总统和球迷共举一条大横幅，上书：失败了也要昂首挺胸。

队员们见此情景顿时泪流满面。总统和球迷们都没有讲话，他们默默地目送着球员们离开机场。四年后，他们终于又捧回了冠军奖杯。

失败并不可怕，可怕的是失败了之后消沉下去，一蹶不振。要学会摆脱失败的阴影，在失败面前昂首挺胸。

人生的道路上难免会有失败的乌云笼罩。面对失败，想要获得成功，需与暴雨、狂风对抗，而不是一遇阻力便退缩。这样的人，是永远不会站起来的。

世间真正的强者，能够做到不以成败论英雄，即使丧失了所拥有的一切，也不能算失败者，因为他们仍然有不屈服的意志。而坚韧不拔的精神，使他们能够从失败走向成功。

要想战胜失败，要学会昂首挺胸，正视失败，从中吸取教训，下次不再犯同样的错误。

◇你只要笑，就没有输

即使失意，也不可失志

　　情场失意、工作不如意……这些事情总会困扰着我们，甚至使我们的情绪跌至谷底。人在失意之时不应停下脚步，而应该积极进取。正所谓条条大路通罗马，此路不通，不妨换条路试试。处在人生的低谷，悲观、痛苦、怨天尤人都没有用，越是逆境，就越应该积极地去面对。

　　莎士比亚说："假使我们将自己比作泥土，那就真要成为别人践踏的东西了。"其实，别人认为你是哪一种人并不重要，重要的是你是否肯定自己；别人如何打败你，并不是重点，重点是你是否在别人打败你之前，就先输给了自己。

　　一支小分队在一次行军中突然遭到敌人的袭击。混战中，有两位战士冲出了敌人的包围圈，却进入了沙漠中。走至半途，水喝完了，受伤的战士体力不支，只能停下休息。

　　于是，同伴把枪递给受伤者，再三吩咐："枪里还有五颗子弹，我走后，每隔一小时你就对空中放一枪。枪声会指引我前来与你会合。"说完，同伴满怀信心地找水去了。躺在沙漠中的战士却满腹狐疑：同伴能找到水吗？能听到枪声吗？会不会丢下自己这个"包袱"独自离去？

夜幕降临的时候，枪里只剩下一颗子弹，而同伴还没有回来。受伤的战士确信同伴早已离去，自己只能等待死亡。想象中，沙漠里秃鹰飞来，狠狠地啄瞎了他的眼睛、啄食他的身体……结果，他彻底崩溃了，把最后一颗子弹送进了自己的太阳穴。枪声响过不久，同伴提着满壶清水，领着一队商旅赶来，却看到了一具尚有余温的尸体……

那位战士冲出了敌人的枪林弹雨，却死在了自己的枪下。

在生命旅途艰难跋涉的过程中，我们一定要坚守一个信念：可以输给别人，但不能输给自己。失意不失志，生活才能充满希望。

把精力集中在有价值的事上

一个人的精力总是有限的，即使天才也是一样。只有把精力集中到一点上，才有可能做好事情。

◇你只要笑，就没有输

曾经有一位法国青年兴趣十分广泛，他热爱科学，也喜欢文学，还爱好音乐和美术。他把所有时间和精力都花在这些事情上，可并未取得什么成就。他不清楚是因为自己低能，还是成才之路太难走。于是他去向昆虫学家法布尔请教，向法布尔说明情况后，法布尔赞许地说："看来你是一位立志献身科学的有为青年。"法布尔建议他："把你的精力集中到一个焦点上去试试，就像这块透镜一样。"为了给这位青年充分地说明这个道理，法布尔拿出一只放大镜、一张纸，放在阳光下面，纸上出现了一个耀眼的光斑，不一会儿就燃烧了起来。青年人茅塞顿开，欣然离去。

我们不能因为无关紧要的事情而分散了精力。

专心可以保证工作效率。为了专心做好一件事，必须远离那些使我们分散注意力的事情。专心致志地去做好我们要做的事，才可能取得成功。

昆虫学家法布尔为了观察昆虫的习性，常常废寝忘食。有一天，他大清早就趴在一块石头旁。几个村妇早晨去摘葡萄时看见了法布尔，黄昏收工时，仍然看到他趴在那儿，她们实在不明白："他花一天工夫，怎么就只看着一块石头，简直中了邪！"其实，为了观察昆虫的习性，法布尔不知花去了多少个日日夜夜。

正是因为法布尔把所有的时间和精力都投注在一件事上，才在昆虫学方面取得了辉煌的成就。

古往今来，没有一个人可以在所有的领域取得辉煌成就，即使像亚里士多德、苏轼这样的人也一样。有些人可能在几个方面表现出一定的才能，但并不等于在这些方面都能达到平均水准。专心工作，屏除杂念，可以使我们心无旁骛把自己手中的那件事做好。倘若我们好高骛远、心浮气躁，最后必然两手空空，一无所获。

所以，想要成就大事业的人，必须要专心于所从事的事业，紧紧抓住事情的关键，攻下它的难点和重点，才可能成就一番大事业。

屡败屡战才是英雄

当将"屡战屡败"改为"屡败屡战"，虽是文字上的简单调

◇你只要笑，就没有输

换，却反映出面对失败的不同心境。

在一次人才招聘会上，A君以绝对实力闯过了五关。不知最后一关会是什么，A君在揣摩着。另一位竞争者同是某名牌大学毕业的B君，他有两关是勉强通过的。此时，他们都在等待第六关考题的公布，这将是对他们的最后一次考验。

主持者在片刻有些令人窒息的冷场之后宣布：A君被录取。A君兴奋地站起来，抑制不住心中的激动之情。

这时，B君不卑不亢地起身微笑着说："哦，所谓人各有志，选择人才是择优录取，更何况每个单位都有它用人的标准和尺度，每个人都想找到也会找到适合自己的位置。好了，再见。"

"B先生请留步！"主持者面带欣喜起身走向B君，"B先生，你也被录取了。"

接着，主持者郑重表示，成功与失败本是两个相互依存的概念，如果把任何一方看得过重，这个天平就要失衡。在这个世上生存或是发展，不能只羡慕成功者的辉煌，也应看重能镇定自若面对失败的人。因为，每一次成功实际上是以许多次失败为起点的！全场响起热烈的掌声。

还有这样一则寓言：

两只青蛙在觅食时不小心掉进了路边一个牛奶罐里，牛奶罐里虽然牛奶不多，但是足以让它们体验到什么叫灭顶之灾。

一只青蛙想："完了，全完了，这么高的一个牛奶罐啊，我是永远也出不去了。"于是，它很快就沉了下去。

另一只青蛙在看见同伴沉没于牛奶中时，并没有沮丧，而是不断告诫自己："我有坚强的意志和发达的肌肉，我一定能够跳出去。"它鼓起勇气，鼓足力量，一次又一次奋起、跳跃。生命的力量与美展现在它每一次搏击与奋斗里。

不知过了多久，它突然发现脚下黏稠的牛奶变得结实起来。原来，它的反复跳动，已经把液体状的牛奶变成了奶酪！不懈地奋斗和挣扎终于换来了自由的那一刻。它从牛奶罐里跳了出来，重新回到绿色的池塘里，而那一只沉没的青蛙却留在了那块奶酪里。

身陷困境之中，唯有屡败屡战才有希望。而不曾尝试突破就认输的人，只能在绝望中沦为失败者。人生的路不会一马平川，遇山开路，遇水架桥，屡败屡战亦是真英雄。

◇你只要笑，就没有输

第二节
勇于坚持

坚持到底，绝不轻言放弃

衡量力量与勇气不能只看胜利和奖章。真正的强者不一定是取得胜利的人，但一定是面对失败不放弃的人。

1882年，26岁的考拉尔来到斯特林镇，在一所学校做老师。考拉尔酷爱读书，但他发现，偌大的斯特林镇居然没有一家像样的、专门的书店，书只有在百货商店才能零星地见到。考拉尔灵机一动，自己为什么不开一家书店呢？这样，既能满足自己读书的需求，又能赚钱补贴家用，何乐而不为？

考拉尔把自己的想法跟新婚妻子说了，妻子也非常赞成。于是没多久，考拉尔的名为"思想者"的书店就在斯特林镇开张了。

可是，书店的生意并没有考拉尔想象的那么好。连续几个月，书店几乎没人进来。考拉尔安慰自己，毕竟书店刚开张，生意不好也是正常的，贵在坚持，几个月不行就坚持半年，半年不行就坚持一年，甚至两年，生意总有做起来的时候。反正自己还要买书看，亏了就当是自己藏书了。

抱着这种想法，考拉尔坚持了下来。

可生意还是不景气，书店经常是入不敷出。好在考拉尔和妻子都有一份工作，他们把大部分收入补贴到了书店里。很多人劝他们关门。但这时，考拉尔的思想发生了巨大的转变，从原来单纯经营转变为呼吁和彰扬文明而经营。他说："书店是一个城市文明的象征，是人们寻求知识的重要地方，不管书店生意如何，我都要永远开下去！"

考拉尔言出如山，一年又一年，他居然真的坚持了下来。

1948年，考拉尔在他的书店里去世，享年92岁。考拉尔的孙子继承了他的书店。考拉尔临终前留下遗言："无论如何，都要把'思想者'开下去。"

考拉尔的孙子遵从了祖父的话。好在那时斯特林镇改镇为市，人口越来越多，城镇面积越来越大，书店的生意也还可以养家糊口。

◇你只要笑，就没有输

"思想者"的辉煌出现在2004年。这一年斯特林市参加全球50个文明城市的竞选，在激烈的竞争中，斯特林市渐落下风。这时，有人向市长提到了"思想者"，市长眼睛顿时一亮。当他把"百年老书店"的旗号打出去后，斯特林市果然过关斩将，不但入选，而且名次进入了前十。

一时间，考拉尔和他的"思想者"名扬四海，来自世界各地的书友、游客纷至沓来。这时的"思想者"，不仅是一家大型书店，而且成为一个著名的旅游景点，来这里的人都要买几本盖着"思想者"销售戳的书回去。

"思想者"的年销售额已达几百万美元，为考拉尔家族带来了滚滚财富。

2006年，考拉尔的曾曾孙接手了"思想者"，他对书店一百多年的经营做了详尽的调查统计。他发现，在考拉尔经营的66年间，赚钱的年份为9年，持平的年份为17年，其余的40年都在亏损。

考拉尔的曾曾孙动情地说："面对这样的经营，不知道有几个人能够坚持。我无法想象我的曾曾祖是如何度过那段岁月的，他绝对没想到今天他的书店会如此有名。事实上，他只是在那个思想贫瘠的时代，为文明而苦苦坚守！"

世上的事情大都如此，只要努力的方向对了，不管经历多么艰难和不顺，往往再多一点努力和坚持便可以收获意想不到的成功。所以，我们都应该信心百倍地去全力争取人生的幸福和成功，坚持到底，绝不轻易放弃。

怀有成为珍珠的信念

有一个优秀的青年，去一家大公司应聘，结果没被录用。这位青年得知这一消息后，深感绝望，顿生轻生之念，幸亏抢救及时。不久传来消息，他的考试成绩名列榜首，是统计考分时电脑出了差错。他被公司录用了，但很快又传来消息，说他又被公司解聘了，理由是一个人连如此小的打击都承受不起，又怎么能在今后的岗位上有成就呢？

很多人之所以没有成功，并不是因为他们缺少智慧，而是因为他们面对艰难的事情没有坚持下去的勇气。有的人却恰恰相反，他们面对失败从不气馁，而是以百折不挠的精神向目标不断

◇你只要笑，就没有输

迈进。

有一位穷困潦倒的年轻人，身上全部的钱加起来也不够买一件像样的西服。但他仍然全心全意地坚持着自己的梦想——做演员，当电影明星。

好莱坞当时有几百家电影公司，他根据自己仔细规划的路线与排列好的顺序，带着为自己量身定做的剧本前去一一拜访，但第一遍拜访下来，几百家电影公司没有一家愿意聘用他。

面对无情的拒绝，他没有灰心，从最后一家被拒绝的电影公司出来后不久，他又从第一家开始了他的第二轮拜访与自我推荐。第二轮拜访也以失败而告终。第三轮的拜访结果仍与第二轮相同。但这位年轻人没有放弃，不久后又咬牙开始了他的第四轮拜访。当拜访到某一家电影公司时，老板竟破天荒地答应让他留下剧本先看一看。他欣喜若狂。几天后，他收到通知，请他前去详细商谈。就在这次商谈中，这家公司决定投资开拍这部电影，并请他担任自己所写剧本的男主角。不久这部电影问世了，名叫《洛奇》。

这位年轻人的名字叫史泰龙，后来他成了红遍全世界的巨星。

其实，陷入绝望的境地往往是因为对今后的路没有信心，或者是对曾经得到而又失去的东西感到痛心。人们常说绝处逢生，很多时候，有些事情看起来没有回旋的余地了，但只要不放弃，很可能会出现转机。

每当觉得绝望的时候，鼓励自己再试一次，再试一次就可能跨越苦难的沼泽地。

要为自己喝彩

为自己喝彩，不要在意别人的目光。

也许你是一块矗立于山中承受日晒雨淋的顽石，丑陋不堪并且平凡无奇，在沧海桑田的变迁中，被人遗忘在乱石蒿草之间。可你同样应该自豪，因为你毕竟仰视天宇，傲对霜雪，站成了属于自己的独立姿态，不随意倒下也不黯然消失。

也许你只是一朵日渐凋零的小花，只是一片被秋风撩起的落叶，只是一张被人不经意揉皱了的白纸，只是一片悠悠的云彩，只是一阵无形无影的清风，但你仍可以为自己喝彩。

曾获得世界冠军的羽毛球选手熊国宝接受采访，记者照惯

◇你只要笑，就没有输

例问他："你能赢得世界冠军，最感谢哪个教练的栽培？"

熊国宝想了想，坦诚地说："如果真要感谢的话，我最该感谢的是自己的栽培。就是因为只有我看好自己，我才有今天。"

原来在熊国宝入选国家队时，只是个绿叶的角色，虽然球已打得不错，但从来没有被视为能为国争光的人选。他沉默寡言，年纪又比出色的选手大了些，教练选了他，并不是要栽培他，只是要他陪着其他选手练球。有许多年的时间，他每天打球的时间比别人长很多，因为他是好多队友的最佳练球对象。拍子线断了，他就换上一条线；鞋子破了就补一块橡胶；球衣破了就补块布。零下十几摄氏度的冬天，他依然早上5点去晨跑。做这些事，他并不在意，因为他知道自己一定能行。

有一年，他参加世界大赛，第一场就遇到了强劲的对手，没有人在意他会不会打赢。没想到他竟然势如破竹一路赢了下去，甚至赢了教练心中最有希望夺冠的队友，获得世界冠军，一战成名。

没有伯乐，熊国宝一样证明了自己是千里马。无论别人怎么看他，他都一直在心里为自己喝彩。如果连他自己都不为自己喝彩的话，他又如何能够熬过通往冠军之路上的艰辛和痛苦呢？

在生活中，我们总习惯于为别人喝彩，而对自己的优点视而不见。有一首歌唱道："你我走上舞台，唱出心中的爱，迈出青春节拍，为我们的今天喝彩。"

为自己喝声彩，生活就会给你带来一声号角，一杆旗帜，引领着你向前走，走过一道道坎，经受住一次次的考验，走出一条路。

在压力中寻求动力

许多人视对手为心腹大患，视异己为眼中钉、肉中刺。其实，能有一个强劲的对手，反而是一种福分，因为一个强劲的对手会让你时刻都有危机感，会更加激发你旺盛的精神和斗志。

加拿大有一位享有盛名的长跑教练，由于在很短的时间内培养出好几名长跑冠军，所以很多人向他请教训练的秘密。谁也没有想到，他成功的秘密仅在于神奇的陪练，而这个陪练不是一个人，而是几匹凶猛的狼。

这位教练一直要求队员们从家里出发时一定不要借助任何交

◇你只要笑，就没有输

通工具，必须自己一路跑来，以此作为每天训练的第一课。有一个队员每天都是最后一个到，而他的家并不是最远的。教练甚至想告诉他改行去干别的，不要在这里浪费时间。

但是突然有一天，这个队员竟然比其他人早到了二十分钟。教练惊奇地发现，这个队员今天的速度几乎可以打破世界纪录。

原来，在离家后不久，他在野地里遇到了一匹野狼。那匹野狼在后面拼命地追他，他在前面拼命地跑，最后，那匹野狼竟被他甩掉了。

教练明白了，今天这个队员超常发挥是因为一匹野狼，他有了一个可怕的对手，这个对手令他把自己所有的潜能都发挥了出来。

从此，教练聘请了一个驯兽师，并找来几匹狼，每当训练的时候，便把狼放开。没过多长时间，队员的成绩都有了大幅度的提高。

这个故事让我们明白了一个道理，对手的力量会让一个人发挥出巨大的潜能，创造出惊人的成绩。

很多人在本科毕业、硕士毕业、博士毕业以后，就以为自己的知识储备已经完成，足够去应对新时代的风风雨雨，但是我们往往发现，在现实社会中，只有那些不断更新知识，不断改进自身知识结构的人，才能真正站住脚。

人与机器的区别就在于人有自我更新的能力。如果你不能睁大双眼，以积极的心态去关注、学习新的知识与技能，那么很快就会发现，你的价值被打了八折、七折、六折，甚至一文不值。在这个知识与科技发展一日千里的时代，必须不断地学习，不断地追求成长，才可能使自己在职场上立于不败之地。

成功的人有千万，但成功的道路却只有一条——勤奋地学习。如果一个人停止学习，那么很快就会"没电"，被社会所淘汰。

在日新月异的时代，你必须时时刻刻具有危机意识，在压力中寻找动力，经常学习充电，这样才不至于落伍。不断充实自己，才可能使自己在激烈的竞争中生存下去。

每天前进一点点

如何才能成功，这恐怕是许多人在思索的问题，尤其在当今这样的时代，人们总希望成功能来得更迅速一些。可是，希望归

◇你只要笑，就没有输

希望，现实却有自己的节奏，饭得一口一口吃，成功得一点一滴积累。

只有不断进步与突破，才可能摘取成功的桂冠。

小池33岁背井离乡，在商店做小店员，日后却成为小池商店董事长、山一证券公司创始人、小池银行董事长和东京瓦斯公司董事长。

一天，有人问他致富的秘诀。

小池回答："所有成功的企业家都不会冒失莽撞，也不会操之过急，而是脚踏实地地从山脚一步一步坚实而稳健地攀登到山顶。他们不会梦想一下子就跳到顶峰，而是先从能力所及的事情着手，先做小生意，脚踏实地地学习，一步一步充实自己的实力，把小生意做成功，然后再做更大的生意。然而许多失败的生意人都犯了很大的错误，他们想一步登天，自己只有100万元，却自不量力大举借债来做1000万元的生意，结果负担不起利息，入不敷出。这就好像没有开花就想结果，一年级刚念完就想跳至六年级，自然非失败不可。"

小池有今天的成就，也是一步一步走过来的。没有人能够一步登天，必须从小事做起，付出热情和努力。如果每天进步一点点，几年下来，就会进步一大截，这样日积月累，必然收获很多。

纽约的一家公司被一家法国公司兼并了，在兼并合同签订的当天，公司新的总裁宣布："我们不会随意裁员，但如果你的法语太差，无法和其他员工交流，那么，我们就不得不请你离开。这个周末我们将进行一次法语考试，只有考试及格的人才能继续在这里工作。"散会后，所有人都涌向了图书馆，他们这时才意识到要赶快补习法语。只有一位员工像平常一样直接回家了，同事们都认为他准备放弃这份工作。令人想不到的是，这个在大家眼中肯定没有希望的人却考了最高分。

原来，这位员工在大学刚毕业来到公司之后，就已经认识到自身的许多不足，从那时起，他就有意识地开始了自身知识的储备。作为销售部的一名员工，他看到公司的法国客户很多，而自己却不会法语，每次与客户的往来邮件与合同文本都要公司的翻译帮忙，有时翻译不在或顾不上的时候，自己的工作就要被迫停

◇你只要笑，就没有输

下来，因此，他早早就开始自学法语了。同时，为了在和客户沟通时能把公司产品的技术特点介绍得更详细，他还向技术部和产品开发部的同事们学习相关的技术知识。

这些准备是需要时间的，他是如何平衡学习与工作的呢？就像他自己所说的那样："只要每天记住10个法语单词，一年下来我就会3600多个单词了。同样，我只要每天学会一个技术方面的小技巧，用不了多长时间，我就能掌握大量的技术了。"

这个故事说明，那些能持之以恒的人，往往就是最后获得成功的人。

为此，我们要始终保持一种平静、从容的心态，沉住气，步履稳健地走好人生的每一步，只要你能做到每天进步一点点，终有一天你会收获成功。

用所有的力量去争取成功

没有一个人可以独立生活，这是一个需要互相扶持的社会，主动伸出友谊的手，你会发现原来四周有这么多的朋友。在人生的道路上，我们需要和其他的人互相扶持，共同成长。

一个小男孩在他的玩具沙箱里玩耍。沙箱里有他的一些玩具小汽车、敞篷货车、塑料水桶和一把亮闪闪的塑料铲子。在松软的沙堆上修筑公路和隧道时,他在沙箱的中部发现了一块巨大的岩石。

小男孩开始挖掘岩石周围的沙子,企图把它从泥沙中弄出去。他很小,而岩石却相当巨大。他手脚并用,似乎没有费太大的力气,岩石便被他连推带滚地弄到了沙箱的边缘。不过,这时他发现,自己无法使岩石翻过沙箱边墙。

小男孩下定决心,手推、肩挤、左摇右晃,一次又一次地向岩石发起进攻,可是,每当他刚刚取得了一些进展的时候,岩石便重新掉进沙箱。

小男孩只得哼哼直叫,拼出吃奶的力气猛推猛挤。但是,他得到的唯一回报便是岩石再次滚落回来,还砸伤了他的手指。

最后,他伤心地哭了起来。整个过程,男孩的父亲从起居室的窗户里看得一清二楚。当泪珠滑过孩子的脸庞时,父亲来到了他跟前。

父亲的话温和而坚定:"儿子,你为什么不用上所有的力量呢?"

◇你只要笑，就没有输

垂头丧气的小男孩抽泣道："我已经用尽全力了，爸爸，我已经尽力了！我用尽了我所有的力量！"

"不对，儿子，"父亲亲切地纠正道，"你并没有用尽你所有的力量。你没有请求我的帮助。"

父亲弯下腰，抱起岩石，将岩石搬出了沙箱，随后说："你解决不了的问题，要善于借助别人的力量，比如你的朋友或亲人，他们也是你的资源和力量。"

在力量不够强大时，就要善于积极借助他方的力量。

在困境中引爆潜力

一位已被医生确定为残疾的美国人梅尔龙，靠轮椅代步已12年。他的身体原本很健康，19岁那年，他被流弹打伤了背部，被送回美国医治。经过治疗，他虽然逐渐康复，却无法行走了。

他整天坐轮椅，觉得此生已经完结，有时就借酒消愁。有一天，他从酒馆出来，照常坐轮椅回家，却碰上三个劫匪，动手抢他的钱包。他拼命抵抗，激怒了劫匪，他们竟然放火烧他的轮椅。轮椅突然着火，梅尔龙忘记了自己是残疾人，他拼命逃走，竟然一口气跑完了一条街。

事后，梅尔龙说："如果当时我不逃走，就必然被烧伤，甚至被烧死。我忘了一切，一跃而起，拼命逃跑，直至停下脚步，才发觉自己能够走动。"现在，梅尔龙已在奥马哈城找到一份工作，他已康复，可以与常人一样行走。

世界顶尖潜能大师安东尼·罗宾指出，人在绝境或遇险的时候，往往会发挥出不寻常的能力。人没有退路，就会产生一种"爆发力"，即潜能。

一位农夫在谷仓前面注视着一辆轻型卡车快速地开过自己的土地。他14岁的儿子正开着这辆车，由于年纪还小，儿子还不够资格考驾驶执照，但是他对汽车很着迷，而且已经能够操纵一辆车子，因此农夫就准许他在农场里开这辆客货两用车，但是不准上外面的路。

突然间，农夫眼见汽车翻到了水沟里，他大为惊慌，急忙跑到出事地点。他看到沟里有水，而他的儿子被压在车子下面，躺在那里，只有头露出水面。这位农夫并不很高大，只有170厘米高，70公斤重。

但是他毫不犹豫地跳进水沟，双手伸到车下，把车子抬了起来，足以让另一位也跑来援助的工人把失去知觉的孩子从下面拽出来。

当地的医生很快赶来了，给男孩检查后发现，只有一点皮肉伤需要治疗。

这个时候，农夫却开始觉得奇怪了起来，刚才他去抬车子的时候根本没有想自己是不是抬得动。他再次尝试，结果根本抬不动那辆车子。医生说这是奇迹。

由此可见，一个人通常存有极大的潜能。

安东尼·罗宾告诉我们，任何成功者都不是天生的。只要我们抱着积极的心态去开发自己的潜能，尤其是在困境之中，我们就会拥有极大的能量。

恒心能让你笑到最后

要想实现梦想必须行动，而行动必须有恒心。只有既有行动又有恒心的人，才能达成目标。

第一章 坚韧不拔，才能笑傲人生

1864年9月3日，寂静的斯德哥尔摩市郊，突然爆发出一声震耳欲聋的巨响，滚滚的浓烟霎时冲上天空，一股股火焰直往上蹿。当惊恐的人们赶到现场时，只见原来屹立在这里的一座工厂只剩下残垣断壁。火场旁边，站着一位30多岁的年轻人，突如其来的惨祸和过分的刺激，已使他面无人色，浑身不住地颤抖。

这个大难不死的青年，就是后来闻名于世的阿尔弗雷德·诺贝尔。诺贝尔眼睁睁地看着自己所创建的硝化甘油炸药工厂化为了灰烬。人们从瓦砾中找出了五具尸体，四人是他的助手，而另一个是他在大学读书的小弟弟。诺贝尔的母亲得知小儿子惨死的噩耗，悲痛欲绝；年迈的父亲因大受刺激而突发脑溢血，从此半身瘫痪。事情发生后，警察局立即封锁了爆炸现场，并严禁诺贝尔重建自己的工厂。人们像躲避瘟神一样地避开他，再也没有人愿意出租土地让他进行如此危险的实验。但是，困境并没有使诺贝尔退缩。几天后，人们发现在远离市区的马拉伦湖上，出现了一艘巨大的平底驳船，驳船上并没有装什么货物，而是装满了各种设备，一个年轻人正全神贯注地进行实验。他就是在爆炸中死里逃生的诺贝尔！

诺贝尔依然坚持着，他从没有放弃过自己的梦想。

◇你只要笑，就没有输

诺贝尔最终发明了雷管。雷管的发明是爆炸史上的一项重大突破，随着当时许多欧洲国家工业化进程的加快，开矿山、修铁路、凿隧道、挖运河等都需要炸药。于是，人们又开始亲近诺贝尔了。他把实验室从船上搬迁到斯德哥尔摩附近的温尔维特，正式建立了第一座硝化甘油工厂。接着，他又在德国的汉堡等地建立了炸药公司。一时间，诺贝尔的炸药成了抢手货。

然而，诺贝尔的成功总是与灾难相伴。不幸的消息接连不断地传来，在旧金山，运载炸药的火车因震荡发生爆炸；德国一家著名工厂因搬运硝化甘油时发生碰撞而爆炸，整个工厂和附近的民房变成了一片废墟；在巴拿马，一艘满载硝化甘油的轮船，在航行途中因颠簸引起爆炸，整个轮船葬身大海……

一连串骇人听闻的消息，使人们把诺贝尔当成瘟神和灾星。随着消息的广泛传播，他被全世界的人所诅咒。

面对接踵而至的灾难和困境，诺贝尔没有一蹶不振。他的毅力和恒心，使他对已选定的目标义无反顾。

诺贝尔最终赢得了巨大的成功，他一生共获专利发明355项。他创立的诺贝尔奖，被国际学术界视为一项崇高的荣誉。

诺贝尔成功的经历告诉我们，恒心是实现目标过程中不可缺少的。干事业要有恒心和毅力，绝不能半途而废。做一件事坚持到底最重要，否则，就会在竞争中一事无成。有恒心和毅力的人往往是笑到最后的人。

◇你只要笑，就没有输

第二章
做豁达的自己

第一节
生气是对彼此的伤害

生气源于"我是对的，你是错的"

肖玉的故乡每到初冬时节，家家户户都会享用一道美味——蛤蜊豆腐汤。这道菜烹调非常简单，而它异常鲜美的原因在于蛤蜊肉的饱满和新鲜。但是在成交前，小贩是不会帮顾客把蛤蜊剖开的，所以在购买时，需要仔细挑选。

肖玉的母亲是挑蛤蜊的好手，每年冬天他们家都能吃上好几顿蛤蜊豆腐汤。热气腾腾的蛤蜊豆腐汤，令肖玉至今难忘。

一个冬天的上午，肖玉和母亲一起去鱼市买蛤蜊，肖玉看见母亲走到一个相熟的小贩摊前，熟练地拿起两个蛤蜊，轻轻碰撞，她仔细听着碰撞发出的声音。肖玉在旁边看着，心想，这黑乎乎的，蛤蜊里面的情况实在难以辨别，母亲一直是靠这个方法来挑蛤蜊的，难怪她从不失手。

肖玉看到母亲放下了手中的一个，又从蛤蜊堆里拿出一个继续碰撞听声，反复几次，母亲皱起眉头对小贩说："奇怪了，怎么今天的蛤蜊都不怎么样，我蹲这么久了，没挑到一个好的。"小贩搭腔道："不会啊。"说话间，小贩给母亲递了几个蛤蜊。母亲接过蛤蜊碰撞听声，说"这几个不错"，然后又和手里的几个碰撞听声对比了一下，母亲回头对肖玉说："我说呢，怎么今天的蛤蜊都不好，是我左手这个蛤蜊不好，我一直在拿这个不好的蛤蜊碰其他蛤蜊。即使是好的，也发不出好声音。"

我们生气的原因是我们认为别人错了，而自己是对的。看了上面这个故事，大家是否有一些反思？

首先，在认为别人错而自己对时，是否能给自己几秒钟的时间检视一下。我们的表达是否清晰，是否有歧义？我们是否正确理解了别人说的话？我们是否带有成见或者情绪？很多情况下，如果在情绪初起的一瞬间能稍加克制，不仅能避免生气，也能解决问题。

其次，每个人的背景、思维和立场都不一样，同样的事情经过不同人的头脑，会产生千差万别的外在输出。同样是花瓶中的花，有的人会觉得很美，装点了室内环境，有的人会觉得很可惜，因为花瓶中的花如果未被采摘仍在枝头，会开放得更久。这两个人如果都从自己的角度去看待瓶中之花，那他们都有生对方气的理由。在生气时，从对方的角度来考虑，或许顿时就没有了生气的理由。

最后，如果真的是别人错了，我们是对的，是不是就意味着我们应该生气呢？答案当然是否定的，因为生气是一种负面的情绪，无益于问题的解决。当发现真的是别人错了的时候，最应该做的是帮助对方消除错误的想法或者念头，此时如果带着消极情绪，恐怕事情会越变越糟。

我们没有必要用生气这种方式去证明自己是对的，别人是错的。

愤怒，遭殃的是自己

生活中难免会因为一些小事与人发生争吵，愤怒之际，就会做一些伤害自己的事情。

一天，姐姐、弟弟和妈妈三个人在家。午饭是姐姐做的，懂事的她把饭端给妈妈吃。吃过饭之后，她和弟弟都坐在电视机面前，他们都想看自己喜欢的电视节目。因为两个人达不成统一的意见，就吵了起来，妈妈这时就说了姐姐两句。这下姐姐更是愤怒了，情急之下，她冲回自己的房间，把自己反锁在房间里。

大约过了三十分钟，妈妈见姐弟俩闹得不轻，便想敲门劝劝姐姐，可是怎么敲门就是听不到里面有回应。妈妈开始觉得事情不对，但当破门而入的时候，不幸已经发生了。

结束姐姐生命的是一条长丝巾。姐姐和弟弟同住一个房间。姐姐睡的是一张单人床，床头紧挨着墙壁，床头上方一米高处是窗户。当他们进入房间时，发现她的脖子上紧紧勒着一条丝巾，丝巾的上端就挂在窗户插销上。除了脖子上留下的那道勒红的印迹外，姐姐脸上的表情仍带着一丝气愤。

◇你只要笑，就没有输

事情过去很久，家人仍难以相信平时开朗的她会这样做。

姐姐学习非常好，在家既会做饭又会洗衣服，就是爱看电视。奶奶提起自己的孙女时，仍旧哽咽不已。

人在生气之际，就会做出一些不合乎常理的事情，对自己造成伤害。故事中的姐姐，在被弟弟气得不知所措的时候，选择伤害自己来发泄怒气，付出了生命的代价。

列夫·托尔斯泰说："愤怒使别人遭殃，但受害最大的却是自己。"人一旦处于愤怒的状态就会失去理智，失去清醒的头脑，做出错误的判断。

下雨时，我们总以为太阳不见了，此时若坐上飞机，穿越云层，灿烂的阳光又会出现在眼前，阳光其实一直都在。一旦明白了这一点，下雨时便不会再感到怅然若失了。当我们与别人发生冲突时，要提醒自己，相信有突破困境的可能。

生气会给周围人带来伤害

郭远是一名工人，他在汽修厂上班。有一次，厂里放假，郭远受到了朋友的邀请，就带着家里人到朋友家去玩。郭远非常高兴，趁着这个假日，放松心情。

正好也有另外几个朋友在这里，郭远就和他们一起打起了牌。郭远11岁的女儿芳芳在旁边玩耍。到晚上10点还没结束，芳芳在一旁睡着了，郭远的妻子就要求回去。

这时，郭远向妻子请示："老婆，让我再打一会儿，我手气正好，等会儿再走吧。"不料一时分心的他又输了。于是，郭远与妻子争吵起来。二人各执一词，互不相让。一旁熟睡的女儿被吵醒后，看见父母打斗，吓得大哭。女儿恳求父母不要吵了，夫妻二人不顾女儿的哀求仍继续吵着……几分钟后，在众人的劝说下，夫妻俩停止吵架，却发现女儿不知道去哪儿了。

他们赶紧到附近寻找，却找不到女儿的踪影。夫妻二人赶回家中，依然不见女儿的身影，接着他们拨打110报警。派出所民警四处寻找芳芳，也没有找到。

直到第二天，一个晨练的老人在河边发现了芳芳的尸体，报了案。夫妻俩后悔莫及，可是一切都无法挽回了。

我们可以生气，但生气的时候给家人带来伤害是不对的。也许大人觉得没什么，但是对于孩子来说却是很大的伤害。在孩子的世界里，父母吵架会破坏他们心中的美好，让他们对现实充满恐惧。所以，不要认为生气是一个人或者两个人的事情。

当一个人情绪失控，失去理智的情况下，很可能会给周围的人带来伤害。与其后悔自责，还不如学会控制自己的情绪，不让愤怒的火焰燃烧到别人。

生活中我们难免会遇到一些不平事，如果不能正确对待，不能管理好自己的情绪，就可能引发一系列悲剧。如果能够学会控制自己的情绪，也许就能避免这些悲剧的发生。那么应该如何做呢？

第一，遇到不顺心的事要头脑冷静，理智对待，要善于控制和理顺自己的情绪，做情绪的主人。

第二，要胸怀宽阔。不管做人还是做事，都应宽以待人，不要鼠目寸光，在琐事上纠缠不休。

第三，要善于发泄自己的不良情绪。和朋友谈心、写信、打电话诉说自己的不幸，或到僻静的地方痛哭一场，或把自己胸中的怨言和不满写出来，这样做都可以起到积极发泄的作用。

第四，要加强个人修养。要培养自己的忍耐力，得饶人处且饶人，不要与人争名夺利，做一个修养好、胸怀广、涵养高的人。

愤怒会扰乱我们的生活

在生活中,我们稍微留意一下就会发现,动不动就生气的人大都没有什么亲戚和朋友,他们的生活也大都被自己的怒气弄得乌烟瘴气。他们会因为很小的事情生气,时常陷入愤怒的情绪中。这种一团糟的生活,就是由不经意的愤怒造成的。

相信,类似"我一气之下说了不该说的话""我被气急了,不然我不会做出那样的蠢事"的情况在我们每个人的身上都发生过。而造成这种现象的往往不是别人,也不是不利的环境,而是自己。

宋代的程颐和程颢是亲兄弟,同时两个人也是理学大师。

一天,有位朋友在家里举办诗友会,同时邀请程氏兄弟参加。许多志同道合的人吟诗作乐,以诗会友,气氛非常融洽。这时,主人突然请来了几位歌伎助兴,想让场面更加热闹一些。

程颐看到主人请来的歌伎,脸上马上露出不悦的神色,他觉得自己是文人,是有志之士,如果与歌伎同席宴饮,传出去对自

◇你只要笑，就没有输

己的名声不利，于是便愤然离席。而程颢却一副无所谓的样子，照样与诗友们推杯换盏。

回到家中的程颐仍然很生气，等到三更半夜也没有见到哥哥回家，更是火冒三丈。他决定明天一定要好好训斥哥哥。

第二天一早，程颐心里还是气呼呼的，刚一起床就跑到哥哥的房间准备训人，结果程颢的房间里空无一人。程颐气得跳脚，哥哥沉迷酒色，竟然一夜不回，这也太不像话了！他转身往外走，想马上把哥哥找回来。

结果，当程颐路过哥哥的书房时，赫然发现他正在里面看书。程颐推门进去，愤怒地责问哥哥："你还知道回来？昨天晚上你为什么不和我一起回家？竟然和歌伎一起交杯同欢，你太不自爱了！"

而程颢却没有因为指责而愤怒，他只是抬起头，心平气和地说道："酒席间虽然有歌伎，但我的心中无伎；现在书房没有歌伎，但你的心中有歌伎！"

兄弟二人面对同一种现象，因心中想法、看法不同而出现两种心境，程颐的气愤和怒气皆因他不能像程颢一样，用平常心看待此事。所以，我们在生活中，应该学习古人的"不以物喜，不以己悲"，不因外界事物的变化而大喜大怒，不让愤怒扰乱我们的正常生活。

1965年9月7日，一项台球赛在美国纽约举行。刘易斯·福克斯没有受其他因素的干扰，以绝对优势杀进了决赛。

在决赛的时候，他开局也是非常顺利，可这时意外的事情发生了。当他要击球的时候，一只苍蝇落在了母球上，看到这只苍蝇，他生气地将它赶走了。

可是当他再次俯身准备击球的时候，那只苍蝇又落到了母球上。这时刘易斯·福克斯的情绪发生了一些变化，他更加生气了，因为这只讨厌的苍蝇不断地落到母球上让他分了不少心。在刘易斯·福克斯的眼里，那只苍蝇仿佛是有意与自己作对，只要他一回到球台准备击球，那只苍蝇就会重新落到母球上来。

一想到这里，刘易斯·福克斯愤怒到了极点，他全然不顾自己还在比赛，于是用球杆打苍蝇，结果球杆触到了母球，他也因此失去了一轮机会。经过这一番折腾，刘易斯·福克斯一下子方寸大乱。后来他的对手约翰·迪瑞愈战愈勇，迅速赶了上来并最

◇你只要笑，就没有输

终赢了这场比赛。

令人惊讶的是，在第二天早晨，人们在河边发现了刘易斯·福克斯的尸体——他投河自尽了。

愤怒让刘易斯·福克斯失去了应有的理智，做出了一个选手不该做的事情。这足以看出，愤怒已经扰乱了他的比赛，使他与冠军失之交臂。更为不幸的是，比赛失利后他选择了自杀，愤怒之心已经影响到了他的正常生活。倘若他能够在赛场上心平气和地对待那只苍蝇，也许冠军非他莫属。倘若他在赛后能够及时地反省自己，而不是用生命置气，这么杰出的选手就不会离我们而去了。

当然，生活中谁也不可避免地会遇到令人愤怒和生气的事情，应对这些事情的最好办法就是不被它们影响。

生气会在家人之间筑起篱笆

建豪为了搬迁的事情来回奔波，非常苦恼，经常会因为人家有事而扑空。一个月下来，又疲又累还是没有结果，因此他非常恼火。

第二章 做豁达的自己◇

今天下班后,建豪拖着疲惫的身体回到家里,瘫坐在沙发上动也不想动。旁边的妻子询问进展。

为了应付妻子,建豪敷衍了几句,就继续在沙发上躺着。妻子知道建豪在外边忙碌很累,所以给他做了很多他爱吃的菜,妻子摆好了碗筷,就叫建豪吃饭。建豪因为太累了,就在沙发上睡着了。妻子的叫声把他吵醒了,他多么想睡一觉再去吃饭,可是现在睡意全无,心里就憋了一肚子火,但是看到了这一大桌子菜,他压住了内心的火气。

在吃饭的时候,妻子问他搬迁的事情进展得怎么样了,谁知道一提到这件事建豪就心烦,于是就告诉妻子不要问了。但是妻子也想为丈夫分担一些烦恼,就追问了几句。面对妻子的追问,建豪摔掉了手里的碗,躲进卧室去了。

妻子知道丈夫心中的苦闷,很是理解,不再出声,收拾好丈夫弄的残局后,默默地流下了眼泪。

有没有想过,生气时摔碎东西也是摔碎了亲人的心,更是摔碎了自己的幸福生活。我们不应因为生气去伤害家人,也不要把这些愤怒的情绪带给他们,只有这样,我们才不会和家人之

◇你只要笑，就没有输

间筑起篱笆。

心理学家指出，人生气时往往会对外界表现出排斥性或攻击性。处在愤怒中的人，亲人都会远离他，这样一来，他就处于孤独的境地。因此，一个爱生气的人，他的家庭往往是不幸福的，而一个心平气和的人，他的家庭往往是美满温馨的。所以，我们要警惕愤怒破坏我们和家人之间的亲情，不要让愤怒破坏我们的幸福。

遇到事情，先不要发火，静下心来想一想它是不是有那么重要。如果发火了会对亲人产生什么样的影响，自己的愤怒是否会对他们造成一定的伤害，把这些事情想清楚了，也许我们的怒火自然就消了。

有一对夫妇，结婚已经数年了。年轻的时候，双方总是因为一些生活的琐事吵架，两个人你不让我我也不让你，就这样争吵了十年。

突然有一天，男人发现，他们两个人已经很久没有吵了。于是，他就把这个情况和妻子说了一下。妻子说："吵架生气也解决不了任何的问题，况且有时候生气并不是针对你，只是你在我生气的时候撞到枪口上,倘若我稍加控制,咱们的吵架就会少许多。每次吵架,都会伤害我们之间的感情,我们应该珍惜已有的幸福,不应该让愤怒毁了我们的幸福。"

听了妻子的话,男人的心中满满都是幸福。此后,两个人再也没有因为愤怒而伤害对方。

我们不要"竖起篱笆",而是应该敞开心扉,把心中的不快诉说出来,这样有利于维护家庭和谐。

无谓的生气只会两败俱伤

从前,有两位很虔诚、很要好的教徒,决定一起到遥远的圣山朝圣。两个人背上行囊,风尘仆仆地上路,誓言不达圣山朝拜,绝不返家。

两个多星期之后,两位教徒遇见一位年长的圣者。这位圣者看到他们千里迢迢要前往圣山朝圣,就十分感动地告诉他们:"这里距离圣山还有十天的脚程,但是很遗憾,我在这十字路口就要和你们分手了。在分手前,我要送给你们一件礼物。如果你们当中一个人先许愿,他的愿望会马上实现;而第二个人,就可

◇你只要笑，就没有输

以得到那愿望的双倍！"

此时，其中一个教徒心里想："这太棒了，我已经知道我要许什么愿，但我不要先讲，因为如果我先许愿，我就吃亏了，他就可以有双倍的礼物！这样是不行的！"而另外一个教徒也思考："我怎么能先讲，让我的朋友获得加倍的礼物呢？"于是，两位教徒就开始客气起来："你先讲嘛！""你比较年长，你先许愿吧！""不，应该你先许愿！"

推辞一番后，两个人就开始不耐烦起来，气氛也变了："你干吗？你先讲啊！""为什么我先讲？我才不要呢！"最后，其中一人生气了，大声说道："喂，你真是个不识相、不知好歹的人，你再不许愿的话，我就把你的狗腿打断，把你掐死！"

另外一人没有想到朋友居然变脸，竟然来恐吓自己，于是想，你这么无情，就别怪我无义！我没办法得到的东西，你也休想得到！于是，这个教徒干脆把心一横，狠心地说："好，我先许愿！我希望我的一只眼睛瞎掉！"

这位教徒的一只眼睛马上瞎掉了，而与他同行的好朋友，两只眼睛立刻都瞎掉了！原本，这是一件好事，但是他们的自私左右了自己，结果祝福变成了诅咒，好友变成了仇敌，更是让原本可以双赢的事，变成了双输！

本来是一件这么好的事情，却因为一个人的愤怒，变成了坏事。其实，如果两个人都能看得开一点，不生无谓的气，结果也许就大不相同了。

世界上没有一个人能够真正通过愤怒取得胜利。"如果你总是充满火药味，也许偶尔能获胜，但那是空洞的胜利，因为你永远得不到他人的好感。"可是真正懂得这句话的人很少。在愤怒时，人们忘乎所以，可到头来这些愤怒、争得你死我活的"精明人"，大都两败俱伤，甚至身败名裂。

在生活中，很多人就是想不开，非得和别人争个你死我活。要知道，无谓的愤怒是不可能使我们成为真正的赢家的。倘若在争执的过程中败下阵来，当然就是我们输了；倘若对方举手示弱，我们还是输了，因为这样的胜利是建立在践踏别人尊严的基础之上的，会让别人对我们充满愤怒和仇恨。

"决心有所成就的人决不肯在私人的意气之争上浪费时间，争执的后果不是他所能承担得起的。当我们遇到恶犬挡道时，最聪明的方法还是避开它，别跟它为争夺路权而起冲突，如果被它

◇你只要笑，就没有输

咬伤了，就算你最后杀了它，你的伤口仍将存在。"的确，生活中与其做一个只会毫无意义地愤怒的人，不如多一些宽容、多一些心平气和，这样的心态有助于为我们创造更为和谐幸福的生活。

第二节
不生气，才能活得有生气

发怒之前忍一忍

有研究显示，人发怒的过程只有短短三秒钟，理论上如果要制怒，我们只要控制住三秒钟即可。只要忍住了这三秒钟的怒火，我们就能心平气和地解决问题，从而避免发怒带来的不良影响，把损失降到最低。

发怒之前忍一忍，不仅能降低既成事实造成的危害，也能避免误伤无辜。我们常说眼见为实，其实眼见也不一定为实。

在东北的深山老林里，猎户都会把在襁褓中的孩子放在篮子里，吊在房梁上，这样他们出去打猎时就不用担心林中的走兽会伤害到孩子。

这天猎户出去打猎，临走前把孩子放在篮子里，觉得不放

◇你只要笑，就没有输

心，又把他最得力的猎狗留在家中保护小孩。傍晚回来时，猎户听见屋里孩子哭声不止，狗也狂吠不停，就急忙进了家门。他发现孩子已经跌落在地上，而他最得力的猎狗嘴边有明显的血迹。猎户心中大怒，心想："我对你这么好，这么信任你，你居然想吃我的孩子。"猎狗看到主人回来了，赶忙向主人跑去，猎户又想："你还有脸跑到我这边来。"猎户越想越气，他举起猎枪，"砰"的一声，射死了猎狗。这时猎户的媳妇抱起了孩子，仔细地检查了一遍，说："当家的，这孩子身上也没血迹和伤口啊，狗嘴上的血是哪来的？"猎户不相信，他也把孩子周身都检查了一遍，孩子除了哭闹之外没有异样。这时他一抬头，赫然发现拴孩子摇篮的绳子上面居然缠着一条受了伤的大蟒蛇。

原来虽然孩子被挂在了屋子中间，走兽没办法伤害孩子，但是蟒蛇却可以顺着拴摇篮的绳子爬进摇篮。等猎户反应过来，这条忠心护主的猎狗已经断了气。

其实猎户只要忍住怒气几秒钟，他就有机会发现孩子其实安然无恙，也能看到那条蟒蛇，他忠心的猎狗也不会冤死在他的枪下，然而这一切都被他不加压制的怒气毁掉了。

我们的怒意一般都是突然而来的。既然是突然产生的情绪，那么，怒气来临时就要忍一忍，给自己一些时间，也给别人一些时间，让事情的真相浮现出来后再做判断。事情的真相浮现后有两种情况：一种是你发现原本让你生气的事是个假象，待你看清真相后就不生气了；另一种是你发现真相就是你看到的样子，待你查明真相后，可能已经没有了怒意。

生气前忍一忍看似好处无穷，道理也很简单，但是为何大家都做不到呢？那是因为大部分人会觉得"忍"是吃亏、受气、丢面子、懦弱的表现。因此一旦双方发生矛盾，大家都不相让，非要争个你高我低，结果必然是两败俱伤。

常言道："饶恕、饶恕、饶恕，千灾万祸就会马上消失；忍耐、忍耐、忍耐，从此就没有冤家和债主。"忍耐是每个人人生的必修课，忍耐制怒，看清事实，所有的怒气才可能在克制中渐渐平息……

冷静面对误解和谣言

每个人的理解能力不同，你的一句话说出后，被人演绎一番就会和你的本意相差千里，被人误会或误解就不可避免，更别提

◇你只要笑，就没有输

一些别有用心的人故意曲解你，说你是非了。

假若被人误解、被人传了谣言，大为恼火是我们自然的反应。但若因为是非绊住了脚，难以抽身，那绝对是百害而无一利，你会烦躁不堪，心绪也会被干扰，难以进行其他工作。

某市热闹的美食街上有两家卖小龙虾的店，生意都很好，但是其中一家的老板不知从哪里得到了一个秘方，用这个秘方烹制的小龙虾味道特别好，这家小龙虾店的生意很快盖过了另一家。那家店的老板眼看着生意日渐淡下去，不知怎么办才好。他也尝试改良配方，但是味道还是不如对面那家，他也尝试过降价，但是食客们还是不买账，于是他想出了一条毒计。

渐渐地，这个城市中开始流传，那家生意火爆的龙虾店的小龙虾好吃是因为他们的配方里放了罂粟，人们对他家的小龙虾念念不忘是因为已经对这罂粟上了瘾。这种说法越传越广。原本生意好的这家店受到了传言的影响，人们都不来吃了。这家店的老板知道是对面那家店在捣鬼。这家店的老板顿时怒从心起，等到凌晨人们纷纷散去时，他就带着几个伙计来到对面那家店讨要说法，两伙人很快打了起来，结果两败俱伤。人们自此之后便很少来这条街上吃小龙虾了。

谣言出现时，怒火攻心，行事冲动，急于辩白是最无益的。

那么当谣言和是非出现时，我们应该怎么办呢？很简单，不要理会，做好自己，坚定不移地向前。

某大型国有企业的一位女厂长，工作能力非凡，待人真诚、和蔼，深得员工的爱戴和支持。这个企业的副厂长一直觊觎女厂长的职位，但是无论是工作能力，还是群众基础，他都比不上女厂长。他表面上和女厂长和和气气，勠力同心搞好工作，可是背地里，他把她说得一无是处。

女厂长因为出差，没有参加单位年中的体检，他就暗地里大肆散布谣言，说女厂长有什么不可告人的疾病，才借故出差逃避体检，说得有鼻子有眼，大家都信以为真。渐渐地，女厂长发现大家都用异样的眼光看她，稍稍了解后，她知道了谣言的事情，甚至知道了谣言的源头。了解她情况的几个老部下要为她出头，女厂长制止了他们，就像什么事情都没发生一样，继续风风火火开展工作。

◇你只要笑，就没有输

年终的时候，企业在女厂长的领导下业绩前所未有地好，从管理层到职工，人人都得到了丰厚的奖金，而谣言早已散去。

副厂长发现大家对女厂长又像从前一般支持和拥护，十分气愤却也无可奈何。有一天，副厂长在本市最好的酒店看到了女厂长和别人吃饭喝酒，于是他又开始散布谣言，说女厂长拿公款吃喝，拿职工的血汗钱挥霍。

这个谣言可非同一般，因为涉及大家切身的利益，不明就里的职工在副厂长一波又一波的谣言中渐渐又对女厂长产生了不信任。

没过多久，谣言传到了女厂长耳朵里，但她依旧没有立即找副厂长对质，还是尽心尽力做着自己的工作，带领企业取得了更大的成绩。

由于女厂长工作能力突出，上级决定上调女厂长，在调离之前对女厂长做了离任前的审计。职工得知消息后，纷纷准备看女厂长的好戏，因为在谣言的渲染下，大家都相信女厂长挪用公款。然而审计的人审计了三天，发现女厂长一点问题都没有。后来，女厂长去政府部门任职。而原来那个副厂长则遭到了大家的鄙夷，最终也没被扶正。

女厂长的做法是值得我们借鉴和学习的，这是面对谣言和是非应有的处理方法。无论是工作中还是生活中，只有不受闲言碎语的影响，你才能腾出精力和时间来做自己该做的事情。当你坚持做自己，问心无愧时，谣言就会不攻自破。

你生气乱了阵脚，正是他们所希望的。不要过多地去理会，坚持做自己，不要停下脚步去和他们争辩什么，把对是是非非的评判留给时间。人生短暂，何苦为这种事情浪费时间、精力？

避免被"极端"同化

到了中午吃饭的时间，一位在写字楼工作的女孩匆匆下楼，去她常去的地方吃午餐。她点了一份咖喱饭，不消一刻，餐就送到了，她刚吃完第一口，就听见有人说："服务员，这卤肉饭的鸡蛋有味儿，不新鲜了吧。"女孩听到后没在意，吃了第二口，这时她又听到有人喊："服务员，我的卤蛋也有问题。"这时更多的人开始声讨今天的餐饭，有的说米里有沙子，有的说鸡蛋不新鲜。女孩此时也吃不下了，觉得咖喱饭很难吃。她心里很愤怒，也加入了声讨这家快餐店的行列中。她跟着大家喊了几句后，把剩下的咖喱饭打包，准备晚上拿回去喂狗。

◇你只要笑，就没有输

下班了，女孩回到家中，把咖喱饭放在了桌子上就去厨房做饭了。这时他男朋友回来了，他看到桌上有咖喱饭，顿时觉得肚中饥饿，就赶忙吃了起来。女孩听到动静，从厨房中出来，看到男朋友正津津有味地吃着准备喂狗的咖喱饭，她忙说："你别吃了，这饭有怪味儿。"男孩咽下口中的饭，说："没有啊，挺香的呀。"女孩也将信将疑地又吃了一口，发现没什么怪味儿，很好吃。

其实这咖喱饭没那么差，只是由于当时大家都在声讨那家快餐店，如果女孩不加入声讨的队伍，就好像她违逆了"民意"一样。

听完一首歌，你觉得挺好听的，突然有几个人说，这歌太难听了，这歌太没新意了，这个曲风好像是抄袭的。于是你也加入讨伐这首歌曲的队伍，否则就显得你品位很差。

在心理学中有一个词叫作"群体极化"，说的就是这种现象。与群体成员单独决策相比，群体倾向于做出比较极端的决策。现实中，很多人会因为群体极化而大动肝火，丧失自己原有的淡定。

2012年夏天，在某个城市机场候机楼内，由于等候时间过长，有一位乘客开始抱怨，随后抱怨的人越来越多。这时，那些看书的、闭目养神的乘客，也开始不淡定了。有个别容易激动的人抑制不住怒火，开始和地勤人员纠缠。很快，围观起哄者、谩骂机场不作为者越来越多。此时淡定的人越来越少，大家都围在登机口要求地勤人员给说法。这时地勤人员一句生硬的言语激怒了大家，大家推倒了值机台，向停机坪跑去，坐在飞机跑道上，表达自己的愤怒。

最后，此事以几名乘客被治安拘留而告终。当人们询问这几名乘客时，他们的表述一致："没想到自己会做出这样的事，只是看到大家都很生气，就莫名其妙地跟着跑到停机坪上去了。"

群体极化就是这么可怕，它能让你不知不觉地产生愤怒，做出连自己都不能解释的行为。

我们能够采取的应对群体极化的措施，也是避免我们被极端的人影响的措施，就是坚持自己的判断。

坚守自己的本心，坚持通过自己思考做判断，只有这样，我们才能不被他人的情绪所影响。

◇你只要笑，就没有输

不要被愤怒牵着走

在辽阔的非洲大草原上，有一种很不起眼的动物叫吸血蝙蝠，它的身体极小，以吸动物血为生，昼伏夜出。但就是这样一种不起眼的小动物，却是草原上野马的天敌。它在攻击野马时，附在野马的腿上，用锋利的牙齿迅速、敏捷地刺入马腿，牢牢停在马腿上，然后用尖尖的嘴吸食血液。

无论野马怎么狂奔、暴跳，都无法甩掉这种蝙蝠，蝙蝠直到吸饱才满意而去。然而往往它们吃饱后，野马也就毙命了。

动物学家们百思不得其解，为何野马会在被吸血后死亡？因为他们经过一次次的实验，证明吸血蝙蝠所吸的血量是微不足道的，离致野马毙命的失血量还有很大的距离，同时病理分析也表明不存在病毒感染，或者中毒的迹象。

在大量的观察后，动物学家们终于发现，原来野马的致死原因不是失血，而是狂躁。每当野马被吸血蝙蝠叮上时，它们都狂躁无比，想要甩掉蝙蝠，暴躁的习性让它们无法停止狂奔，最终野马会在暴怒、狂奔、流血中无奈地死去。

也就是说，野马在被吸血蝙蝠叮上时，如果什么都不做，只是静静地站着，反而能活命，蝙蝠吸的那点血对它们来说根本不算什么。

我们可以把野马被叮之后的暴走理解为人的愤怒，吸血的蝙蝠则理解为激怒我们的事情或者人。这样的场景在生活中并不少见——一个人被激怒了，他除了发泄怒火什么都不管不顾，最后的结果是，事情更糟糕了。发生问题时，不去解决问题，只顾着发泄自己的怒火是非常不理智的行为。

有人会说，遇到可生气的事发发脾气有什么错？这不是人之常情吗？诚然，情绪有波动是不可避免的，但是出于最终解决问题的角度来考虑，臣服于愤怒是最糟糕的。

正确的做法是，如果我们在日常工作生活中遇到令人生气的事，先平静下来，问问自己因为什么事情生气，在生气之前要做什么，目前想完成什么事情？如果生气，将会给要完成的事情带来怎样的影响？

把这些问题考虑清楚了，我们就能专心致志地去做事和解决问题了。

◇你只要笑，就没有输

尝试改变自己的"形状"

面对一块礁石，如果轮船不避开它而是迎头撞上，那轮船必然会受损。面对一块礁石，一个浪头打过去，并没什么影响，水流只会继续向别处流罢了。不同的人面对同样的情况，为何会有不同的表现。比如面对领导的批评，为什么有的人欣然接受，有的人则大动肝火？

古时候有一个国王老来得女，十分高兴，大家都十分宠爱这个小公主，整个皇族，甚至整个国家都倾尽全力来爱这个小公主。

随着公主越长越大，她的脾气也越来越坏，宫女摘错了花她会生气，用膳的时候爱吃的菜离她太远她也会生气。有一天，她对宫女说想去花园里赏花，让宫女给她拿遮阳的头巾，她一看头巾马上发了火，生气地说："这头巾跟我的衣服根本不搭配，为什么你们都和我作对，没有一件事符合我的心意，让我高兴！"这一幕被王后看到了，她很忧心，虽然女儿是公主，但是这样随意生气发怒也是不对的，于是王后带着公主来到寺庙，向一位高僧求助。

高僧听完王后的叙述,他看了看公主,发现公主又是一副气鼓鼓的样子。

高僧问公主:"你现在为何生气?"

公主烦躁地答道:"来的路上太颠簸,颠得我浑身疼。"

高僧笑了笑,说:"不管你是公主还是平民百姓,来我的寺院都得走那条山道,为何别人不像你这般气恨呢?"

公主撇撇嘴,没说什么。

高僧给公主倒了一杯茶,请公主喝,公主看着冒着热气的茶水,没有接过,高僧便把茶杯放在了桌上。

不一会儿,山风吹凉了茶水,公主端起茶杯一饮而尽。

高僧见状,缓缓说道:"你刚才为何不喝这水,非要到现在才喝?"

公主觉得很不可思议,说:"这不很明显吗?刚才水很烫啊,没法喝。"

高僧见公主已经入了自己的局,便说:"看到水烫,你知道要等一等喝,因为热水不会因为你是谁或者你有什么特殊的身份而加速变凉,那么对别的事,你也应该使用你在喝水这件事情上的做法。山路的确坎坷,但是这坎坷的山路会因为你而变平坦吗？世间万物不因你而生，也不因你而灭，不去迎合任何一个特定的人，也不会故意去为难一个特定的人。但是我们却是可以改变的，所以要让自己不生气，要让自己事事顺达，我们可以改变自己的形状、自己的状态，去契合你所在的境况。其实你所谓的'都在和我作对'，就是你自己以一副万事不变的样子去应对所有的事。你下次再遇到让你发怒的事情，不要去责怪别人，也不要着急去生气，你且想想，你能做什么改变，让自己不生气。"

高僧继续侃侃而谈："你看那随风而弯的草，风停之后它会继续直立；河流被巨石中分之后还会合二为一；吸过水的海绵捏干后也没有变形……改变自己的形状不是懦弱，不是回避，恰恰是解决问题，让自己心绪平静最好的办法。"

世间万物正如高僧所言，不会特意去迎合你，所以唯有改变我们自己，才能避免生不必要的气。

遇到难题，遇到不如意，不要先去抱怨和生气，抱怨不解决问题，生气会最终伤害自己。我们应该学习水——改变形状去顺应不同的河道，最终入海。

改变自己的形状来契合生活，就会发现一切都那么美好。

换位思考

急诊室里，几个青年搀着醉得不成样的患者找大夫。大夫和护士给那人检查后，确诊其为酒精中毒，需要马上洗胃。这时护士请两位青年先出去等一下，而这两个人却借着酒劲，说大夫态度不好，大嚷大叫，拒不听劝。不一会儿，其中一人呕吐，霎时间弄得急诊室酒气熏天。他又摔门掀椅子，大闹一番，直到医院的保卫人员赶来，才被制止。由于两个年轻人一直在急诊室内胡闹，医生根本没有办法去给醉酒者洗胃，那位醉酒者因此不幸离世。

隔天，醉酒者的家属到医院大闹，说医生不负责任，将病人送上黄泉路，等等。这时媒体也开始跟进报道，由于大家都同情死者，所以舆论出现一边倒的情况，纷纷指责医生缺乏医德。

最终，公安局开始调查这起案件，随着调查的深入，事发当日的监控录像公之于众。录像明确地记录了事发当日医生和护士尽力抢救醉酒者而频遭那两个青年打断的过程。真相大白于天下，那些媒体和被愤怒冲昏了头脑的人终于意识到了自己的错误。

◇你只要笑，就没有输

在这起案件中，死者家属和其他人所犯的错误就在于他们做任何事情都从自己的角度出发，认为自己的想法就是对的，而不考虑别的可能，所以就认定了医生有问题。

我们不能凭主观或者所谓的经验去臆断。别人经历了什么我们不知道，所以不能用我们所想的、所经历的去考虑或认定问题。如果能站在别人的立场上去考虑，不但能化解心中的怒气，也有利于维护好人际关系。

一位丈夫总是抱怨做医生的妻子每天下班回家后不跟他交流，每天晚上吃完饭后，妻子就早早上床休息。日复一日，丈夫有一天终于忍无可忍，说道："你现在怎么一句话都不跟我说，我们已经没的聊了是吗？"

妻子见丈夫对她大吼大叫，她也很恼火地说："我太累了，不想说话，不行吗？"

丈夫马上反击："你不就是坐在那儿给人看病吗，我还不信能累到话都说不出来！"妻子听完这话，顿时气哭了，说了一句："不可理喻。"

于是两个人开始冷战。

星期六的时候，丈夫在家休息，妻子去医院值班。丈夫心想，反正自己今天休息，不如去医院看看妻子到底有多忙。于是丈夫来到妻子工作的医院。早上8点，正好赶上妻子给病人查房，他在病房外看到妻子一进入病房就被患者和患者家属围住了，接连向她发问，妻子则一一解答。查完房就已经10点了，10点到12点妻子又开始看门诊，丈夫在门诊门外看到，两个小时，病人轮番进去看病，从没间断。这时丈夫开始理解妻子了，从上午查房到现在，她一直在不停地工作，连洗手间都没去一次。

中午的时候，他为妻子买了饭。妻子看到丈夫来了很惊讶。丈夫把饭放到妻子跟前说："我真不知道你一天天这么忙，我错怪你了。"

妻子听后，顿时潸然泪下，两个人又和好如初。

我们常常会像上文中的丈夫一样，因为别人没有按我们预期的去说去做而大动肝火。但是事实上我们每个人的思维方式都不同，所以让别人完全做你想让他们做的，说你想让他们说的，无异于痴人说梦。

如果凡事都能换位思考，那么不管你心中有多大的怒气与怨气，也会很快消散。考虑问题的时候，不要只从自己出发，还应从别人的角度出发，主动去理解别人，这样一来，你就会变得越来越亲和，也会有更多意外的收获。

要有好心境

"心，乃是你运用的天地，你可以把地狱变成天国，亦可以把天国变成地狱。"这句话说的是，生气或者开心，愉悦或者不悦都是我们自己可以控制的，而控制的关键在于我们的心境。

保持一种良好的心境，积极乐观地看待事物，能让我们脱离自怨自艾的泥潭，能让我们更能动地处理问题。凡事往好的方面想，方能带来积极的投射。

一位音乐学院的老教授遭人陷害入狱，每天都要从事八个小时的体力劳动。从前在琴键上流连的手指现在插进了泥土；从前穿得笔挺的西装背带裤现在变成了灰暗的囚服；从前站在他面前的是一群阳光开朗的学生，而现在他不得不面对一群目光无神的狱友。

他的家人在外忧心忡忡，一方面积极奔走帮他洗清冤情，另一方面十分担忧他在狱中的生活，怕他会经受不住这一切。

多年后，老教授终于沉冤得雪，家人都以为多年的牢狱生活会把他拖垮。然而意外的是，当人们看到老教授后，发现他只是更为清瘦了些，但是精神矍铄，风采依旧，不像是经历了牢狱之灾的人。

人们问他是如何度过这几年的生活的，老教授满怀深意地说："刚开始，我很委屈，很不服，我甚至绝过食、割过腕。有一天昏昏沉沉中，我看到铁窗上竖排的钢筋间居然长了一棵小草，牢房内昏暗无比，然而这棵小草却绿油油的，若有微风拂过，它还能舒展身体。我这样消极，除了毁了我自己没有任何帮助，连草都要迎风舒展，我还有什么理由不好好活下去。当天我就跟大家一起吃饭，身体允许后开始和大家一起劳动。"

"可是即使您有心好好活下去，那牢狱的生活如此艰苦，您是怎么挺过来的？"旁人又问道。

教授笑了笑说："一旦我想开了，我就变得乐观了，我开始自己给自己找乐子，站队听训话的时候，我就默默判断典狱长说话的音阶。铡草的时候，我就按四四拍铡，我发现一旦心情好了，也不觉得有多难熬，总有守得云开见月明的时候。"

◇你只要笑，就没有输

对待烦恼和逆境可以关闭心门，让这些不良情绪无法进入你的心，这样你就不会为其所影响。但这很难，我们无法完全只活在自己的小世界里。

我们可以给自己营造一个良好的心理环境。从细微之事入手，慢慢扩充放大，让快乐替代你心中的烦恼。

现实生活中，不如意之事十有八九，为情所伤，为人所扰，为事所困都是难免的。在本来就不如意的情况下，如果不能保持良好的心境，不能让自己淡定且乐观，那就很容易被生活击倒，身心健康受损也是必然的结果。

生活是一面镜子，你对它笑，它就对你笑，你对它哭，它自然也会对你哭。作家柯云路在《走出心灵的地狱》中有句话说得好："我不病，谁能病我？"很多烦恼是我们自己造成的，只要我们少对生活这面镜子哭，多对它笑，那生活必然也会以笑脸面对我们。而良好的心境就是我们对生活保持微笑的诀窍。

第三章
抱怨少一点，快乐才会多一点

第一节
不以抱怨迎接生活挑战

抱怨生活前，先认清你自己

我们会抱怨生活，因为它没有把我们的一切都安排得很好；我们抱怨工作，因为它总是不能给我们带来巨大的财富；我们抱怨家长，因为他们没能让我们像富家子弟那样生活；我们抱怨朋友，因为他们没有顾及我们的感受……这样一直抱怨下去，我们会发现，身边的一切事情都不尽如我们的意。

◇你只要笑，就没有输

　　一个女孩对父亲抱怨她的生活，抱怨事事都那么艰难，她不知该如何应对生活，想要自暴自弃了。她已厌倦抗争和奋斗，好像一个问题刚解决，新的问题就又会出现。

　　女孩的父亲是位厨师，他把她带进厨房。他先往三个锅里倒入一些水，然后把它们放在旺火上烧。不久，锅里的水烧开了。他往第一个锅里放些胡萝卜，第二个锅里放入鸡蛋，最后一个锅里放入磨碎的咖啡豆。他将它们浸入开水中煮，一句话也没说。

　　女孩咂咂嘴，不耐烦地等待着，纳闷儿父亲在做什么。大约二十分钟后，他把火关了，把胡萝卜捞出来放入一个碗内，把鸡蛋捞出来放入另一个碗内，然后又把咖啡舀到一个杯子里。做完这些后，他才转过身问女儿："亲爱的女儿，你看见什么了？"

　　"胡萝卜、鸡蛋、咖啡。"她回答。

　　他让她靠近些，并让她用手摸摸胡萝卜。她摸了摸，注意到它们变软了。

　　父亲又让女儿拿一个鸡蛋。将壳剥掉后，她看到的是一个煮熟的鸡蛋。

　　最后，父亲让她喝咖啡。品尝到香浓的咖啡，女儿笑了。她问道："父亲，这意味着什么？"

父亲解释说，这三样东西面临同样的逆境——煮沸的开水，但反应各不相同。

胡萝卜入锅之前是强壮的、结实的，但进入开水后，它变软了。鸡蛋原来是易碎的，它薄薄的外壳保护着内部的液体，但是经开水一煮，液体凝固了。而磨碎的咖啡豆则很独特，进入沸水中后，它们改变了水的味道。

父亲的教导方法是高明的。他把生活比作一杯水，而将不同的物体比成我们。如果我们如胡萝卜一般，任由环境改变，那么我们就是被动的；而当我们是咖啡豆的时候，尽管在杯子里已经找不到我们的影子，我们却改变了人生的大环境。

所以说，当你开始抱怨生活的时候，要先认清楚自己，看你是容易被生活改变，还是可以去改变生活。如果你被生活改变了，那么就不要责怪生活。而当你确定自己能够改变生活的时候，就应该拿出勇气。

在逆境中抱怨，等于抛弃机遇

如果我们只盯着人生中的困难，无休止地抱怨，看到的只

◇你只要笑，就没有输

会是绝望。在人生路途上，谁都会遭遇逆境，逆境是生活的一部分，却也蕴藏着机遇。

　　道本连自己的名字都不会写，却在大阪的一所中学当了几十年的校工。尽管工资不多，但他已经很满足命运为他所安排的一切。就在他快要退休时，新上任的校长以他"连字都不认识"为由，将他辞退了。

　　道本恋恋不舍地离开了校园，像往常一样，他去为自己的晚餐买半磅香肠，但快到食品店门前时，他想起食品店已经关门多日了，而不巧的是，附近街区竟然没有第二家卖香肠的。忽然，一个念头在他的脑海里闪过——为什么不开一家专卖香肠的小店呢？他拿出自己仅有的一点积蓄开了一家食品店，专门卖香肠。

　　因为道本灵活多变的经营风格，十年后，他成了一家熟食加工公司的总裁，他的香肠连锁店遍及大阪的大街小巷，并且是产、供、销一条龙，颇有名气的道本香肠制作技术学校也应运而生。

　　当年辞退他的校长早已忘了道本这一位曾经的校工，在得知著名的董事长识字不多时，便十分敬佩地称赞他："道本先生，您没有受过正规的学校教育,却拥有如此成功的事业,实在是太不可思议了。"

道本诚恳地回答:"真感谢您当初辞退了我,让我摔了跟头,从那之后我才意识到自己还能干更多的事情。否则,我现在肯定还是一位靠退休金过日子的校工。"

逆境可以锻炼一个人的品格,也可以激发一个人向上的勇气和潜力。当被逼得退无可退、无路可走时,人们往往会想尽办法来自救。所以,我们应该感谢逆境和难题。

在我们陷入逆境时,一味地埋怨和诅咒是无济于事的,那只会让我们变得更加沮丧。与其苦苦等待,不如去战胜黑暗,摆脱困境,为自己创造一个光明的前程。

抱怨的人往往没找对方法

有人常常抱怨:"这份工作太难了,根本就做不好。""这么难,让我无从下手,可怎么做啊?"其实,这些只是推脱之词,只有主动去找方法才会有办法。

常言道,没有解决不了的问题,只有找不到方法的人。

◇你只要笑,就没有输

第25届世乒赛时,中国选手容国团战胜了自己的队友杨瑞华。杨瑞华则大胜匈牙利老将西多,杨瑞华对阵西多每战必胜,被称为西多的克星。西多则被称为容国团夺冠的拦路虎。决赛中,容国团对阵西多。第一局,容国团很快就告负。当时大家纷纷预测,男单冠军必是西多无疑。可是,最后的结果却相反,容国团夺得了世界冠军。这是为什么?中国队采取了什么战术?

在第一局结束后,教练傅其芳退后,队员杨瑞华临时充当教练,指导容国团。杨瑞华时而示范动作,时而侧目。西多见杨瑞华为容国团面授机宜,觉得浑身不自在,心里直发怵。他双眼直盯杨瑞华,自己的教练说了什么都未能听进去,一副忧心忡忡的样子。第二局开始,容国团士气大振,越战越勇,西多却步伐紊乱,连连失误。

教练的这个方法发挥了奇效。具体来说就是:

场上条件不足场外补。根据历史表现与现实表现,教练断定,容国团战胜西多的概率很小,换句话说,仅靠容国团个人的力量很难战胜对方。场上条件不足,但我们有场外优势。

技术条件不足心理补。很明显,在技术条件上,容国团根本不占优势。教练的方法打击了西多的求胜心理。客观条件很难改变，着力点就放在主观上——让杨瑞华站到教练席上，对西多实施精神压迫。同时，安排杨瑞华"侧目怒视"，进一步给西多施加压力。

教练的方法，增强了容国团的自信心。而由杨瑞华点破西多的破绽，自己对西多的畏惧也消除了，在杨瑞华的点拨下，他对自己的攻击力也有自信了，斗志自然更加昂扬了。

我们常常看到这样的情况：面对同一种工作，有的人认为无从下手，而有的人却可以做得很好，关键就在于能不能转换自己的思路，并积极寻找解决问题的方法。

相信大家都读过"把梳子卖给和尚"的故事。乍一看，这是一个难以完成的任务，有人却可以想出很不错的办法。原因就在于，他突破了传统思维的限制。

找对了方法，原来看似难以解决的困难就可以迎刃而解，看似难以完成的工作也可以顺利完成。

别抱怨泥泞，是它让你留下了脚印

在经历挫折的时候，很多人习惯于抱怨。可是，他们不知道，没有任何一条通往荣耀的道路是宽阔平坦的。相反，只有充满泥泞的道路，才能遍布或深或浅的脚印，留下努力的痕迹。

鉴真14岁时成为沙弥，配居大云寺，做了行脚僧。刚开始的时候，鉴真感觉做行脚僧非常辛苦，经常不能按时起床出去化缘。

有一天，已经日上三竿了，鉴真仍未起床，住持很纳闷儿，便到鉴真的寝室里巡视。住持推开房门，只见床边堆了一堆破破烂烂的草鞋，住持叫醒鉴真："今天你不外出化缘吗？床边堆的这些破草鞋是用来做什么的？"

鉴真打了个哈欠说："这些是别人一辈子都穿不破的草鞋，如今我剃度一年多，却穿破了这么多鞋，今天我想为庙里节省一些鞋。"

住持听后笑了笑，对鉴真说："昨夜外面下了一场雨，你快起来，陪我到寺前走走吧！"

昨夜的一场雨，使寺前的黄土坡变得泥泞不堪。

忽然，住持拍了拍鉴真的肩膀说："你是要当个只会撞钟的和尚，还是想发扬佛法、普度众生？"

鉴真说："当然想发扬佛法啊！"

住持捻须一笑,接着说:"你昨天有没有走过这条路?"

鉴真说:"当然有!"

住持又问:"那么你现在找得到自己的脚印吗?"

鉴真不解地说:"昨天这里原本是平坦、坚硬的道路,今天变得如此泥泞,如何能找到自己的脚印?"

住持没有再说话,迈步走进了泥泞里。走了十几步后,住持停下脚步说:"今天我在这条路上走了一趟,能找到我的脚印吗?"

鉴真答道:"那当然能了。"

住持微笑着说:"是的,只有泥泞路才能留下脚印啊!只要经过艰苦的跋涉,终有一天会留下痕迹的。此刻我们行走在这片泥地上,不管走得多远,足印都会深深地留下,见证我们的存在。"

鉴真恍然大悟:泥泞留痕。

是啊,只有泥泞的道路方能留下深深的脚印。不经历风雨,怎能见彩虹?面对多灾多难的人生,我们不要怨天尤人,踏踏实实地在坎坷的道路上前行,留下一个个坚实的脚印,才能证明我

◇你只要笑，就没有输

们生命的价值。

每人的一生，都是一趟旅行，途中有无数的坎坷和泥泞，但也有看不完的春花秋月。如果总是抱怨，任由灰色蒙蔽自己的眼睛，任由风尘遮住心灵，那么我们将永远失去对生活的希望。

失去可能是另一种获得

人生就像一场旅行，在行程中，你会欣赏沿途的风景，同时也会接受各种各样的考验。这个过程中，你会失去许多，但不要抱怨，因为失去也是另一种获得。

有一位住在深山里的农民，经常感到环境艰险，难以生活，于是四处寻找致富的好方法。

一天，一位从外地来的商贩给他带来了一样好东西，尽管在阳光下看上去那只是一粒不起眼的种子。但据商贩讲，这不是一般的种子，而是苹果的种子，只要将其种在土壤里，几年以后，就能长成一棵棵苹果树，结出数不清的果实，拿到集市上，可以卖好多钱。

欣喜之余，农民急忙将苹果种子小心收好，但脑海里随即涌现出一个问题：既然苹果这么值钱，会不会被别人偷走呢？于是，他特意选择了一块荒僻的山野来种植果树。

经过几年的辛苦耕作，浇水施肥，小小的种子终于长成了一棵棵茁壮的果树，并且结出了累累硕果。

这位农民看在眼里，喜在心中。因为种子数量有限，果树的数量比较少，但结出的果实也肯定可以让他过上好一点儿的生活了。

他特意选了一个吉祥的日子，准备在这一天摘下成熟的苹果，挑到集市上卖个好价钱。当这一天到来时，他非常高兴，一大早便上路了。

当他气喘吁吁地爬上山顶时，心里猛然一惊，那一片红灿灿的果实，竟然被飞鸟和野兽们吃了个精光，只剩下满地的果核。

想到这几年的辛苦劳作和热切期望，他不禁伤心欲绝，大哭起来。在之后的岁月里，他的生活仍然艰苦，不知不觉间，几年的光阴如流水一般逝去。

一天，他偶然来到了一片山野。当他爬上山顶后，突然愣住了，因为在他面前出现了一大片茂盛的苹果林，树上结满了果实。

◇你只要笑，就没有输

这会是谁种的呢？他思索了好一会儿才找到答案：这一大片苹果林都是他自己种的。

几年前，当那些飞鸟和野兽在吃完苹果后，就将果核吐在了旁边，经过几年的时间，果核里的种子发芽生长，终于长成了一片茂盛的苹果林。

现在，这位农民再也不用为生活发愁了，这一大片苹果林足以让他过上幸福的生活。

从这个故事中我们可以看出，有时候，失去也是另一种获得。人生总在失去与获得之间徘徊。没有失去，也就无所谓获得。

一扇门如果关上了，必定有另一扇门打开。你失去了一种东西，必然会在其他方面有另一种收获。关键是，你要有始终如一的乐观心态。

第二节
感谢生命中的挫折

你不可能让所有人都满意

哲人们常把人生比作路，是路，就注定会崎岖不平。

1921年，年轻的罗勃·郝金斯半工半读地从耶鲁大学毕业，后来他做过作家、伐木工人、家庭教师和售货员。只经过了8年，他就被任命为芝加哥大学的校长。那时，他只有30岁，真叫人难以置信！

人们的批评就像山崩落石一样打在他头上，说他太年轻了，经验不够，说他的教育观念很不成熟，甚至各大报纸也参与了攻击。

在罗勃·郝金斯就任的那一天，有一个朋友对他的父亲说："今天早上，我看到报上的社论攻击你的儿子，真把我吓坏了。"

◇你只要笑，就没有输

"不错，"郝金斯的父亲回答说，"话说得很凶。可是请记住，从来没有人会踢一只死狗。"

确实如此，越勇猛的狗，人们踢起来就越有成就感。

可见，没有谁的路永远是一马平川的。为他人所左右而失去自己方向的人，将无法抵达属于自己的幸福终点。

真正成功的人生，不在于成就的大小，而在于是否努力地去实现自我价值。

一名中文系的学生苦心撰写了一篇小说，请作家点评。因为作家患了眼疾，学生便将作品读给作家。读到最后一个字，学生停顿下来。作家问道："结束了吗？"听语气似乎意犹未尽。这一追问，激起了学生的激情，他立刻灵感喷发，马上说："没有啊，下部分更精彩。"他以自己都难以置信的构思叙述下去。

到了一个段落，作家又似乎难以割舍地问："结束了吗？"

听到这话，学生更兴奋了。他不可遏止地一而再，再而三地接续、接续……最后，电话铃声骤然响起，打断了学生的思绪。

作家准备出门。"那么，没读完的小说呢？""其实你的小说早该收笔，在我第一次询问你是否结束的时候，就应该结束。何必画蛇添足呢？该停则止，看来，你还没把握情节脉络，尤其是缺少决断。拖泥带水，如何打动读者？"

学生听后认为自己不是当作家的料。

很久以后，这名学生遇到另一位作家，羞愧地谈及往事，谁知作家惊呼："你的思维如此敏锐、编造故事的能力如此之强，这些正是成为作家的天赋呀！假如正确运用，作品一定会脱颖而出。"

我们不可能让所有的人都对我们满意，可以拿他们的意见做参考，但不要被这些论断束缚了自己前进的步伐。

正确看待命运的冷遇

想实现自己的梦想，就要勇敢地面对挑战，做一个生活的攀登者，只有这样，才能欣赏到无限的风景。有时候，白眼、冷遇、嘲讽会让弱者烦闷抱怨，但对强者而言，这也是另一种动力。

◇你只要笑，就没有输

　　她从小就"与众不同"，因为小儿麻痹症，不要说像其他孩子那样欢快地跳跃奔跑，就连正常走路都做不到。寸步难行的她非常悲观和忧郁，当医生教她做一点运动，说这可能对她恢复健康有益时，她就像没有听到一般。随着年龄的增长，她的忧郁和自卑越来越严重，她甚至拒绝所有人的靠近。但也有个例外，邻居家那个只有一只胳膊的老人成为了她的好伙伴。老人是在一场战争中失去一只胳膊的，老人非常乐观，她非常喜欢听老人讲故事。

　　这天，她被老人用轮椅推着去附近的一所幼儿园，操场上孩子们动听的歌声吸引了他们。当一首歌唱完，老人说："我们为他们鼓掌吧！"她吃惊地看着老人，问道："你只有一只胳膊，怎么鼓掌啊？"老人对她笑了笑，用手掌拍起了胸膛……

　　那是一个初春，风中还有几分寒意，她却突然感觉自己的身体里涌起一股暖流。老人对她笑了笑，说："只要努力，一个巴掌一样可以拍响。你一样能站起来的！"

　　那天晚上，她让父亲写了一张纸条，贴到了墙上，上面写的是这样一行字："一个巴掌也能鼓掌。"从那之后，她开始配合医生做运动。无论多么艰难和痛苦，她都咬牙坚持着。有一点进步了,她又扔开支架,试着走路。她坚持着,她相信自己能像其他孩子一样,她要行走,她要奔跑……

11岁时,她终于扔掉支架,向另一个更高的目标努力着,她开始打篮球和参加田径运动。

1960年,在罗马奥运会女子100米决赛上,当她以11秒18第一个撞线后,人们都站起来为她喝彩,齐声欢呼着她的名字:威尔玛·鲁道夫。

生活中,我们常常听到这样的话:"立即干""尽你全力""不退缩""总有办法""没做并不意味着不能做""让我们干""现在就行动"。这些都是攀登者热爱的语言。他们从来不抱怨命运的冷遇,总是付诸行动,追求行动的结果,他们的语言恰恰反映了他们追求的方向。

生活中,当我们遭到冷遇时,不必抱怨,不必愤恨,要努力从逆境中找到光亮,时时校准自己前进的目标。

勇敢面对生命中的不如意

乔很爱音乐,尤其喜欢小提琴。在国内学习了一段时间后,

◇你只要笑，就没有输

他把视线转向了国外，想出国深造，但是国外没一个认识的人，他到了那里如何生存呢？这些他当然也想过，但是为了自己的音乐梦想，他勇敢地踏出了国门。维也纳是他的目的地。这次出国的费用家里辛辛苦苦地凑了出来，但是学费与生活费是无论如何也拿不出来了。所以，他虽然来到了音乐之都，却只能站在大学的门外，因为他没有钱。他必须先到街头拉琴卖艺赚取自己的学费与生活费。

很幸运，乔在一家大型商场的附近找到一位为人不错的琴手，他们一起在那里拉琴。这个地理位置比较优越，他们挣到了很多钱。

但是这些钱并没有让乔忘记自己的梦想。过了一段时日，乔赚够了自己必要的生活费与学费，就和那个琴手道别了。他要学习，要进入大学进修，要在音乐的学府里拜师学艺。乔将全部的时间和精力都投到提升音乐素养和琴艺之中。十年后，乔有一次路过那家大型商场，巧得很，他的老朋友——那个当初和他一起拉琴的家伙，仍在那儿拉琴，脸上流露着得意、满足与陶醉的神情。

那个人也发现了乔，高兴地停下拉琴的手，热络地说："兄弟啊！好久没见啦！你现在在哪里拉琴啊？"

乔回答了一个很有名的音乐厅的名字,那个琴手疑惑地问:"那里也让流浪艺人拉琴吗?"乔只是淡淡地笑着点了点头。

其实,十年后的乔已经成为一位知名音乐家,经常应邀在著名的音乐厅中登台献艺,早就实现了自己的梦想。

一个永不丧失勇气的人是不会被打败的。英国诗人约翰·弥尔顿说:"即使土地丧失了,那有什么关系。即使所有的东西都丧失了,但不可被征服的意志和勇气是永远不会屈服的。"如果你以一种充满希望、充满自信的精神进行工作,如果你相信自己能够成就一番伟业,如果你能展现出自己的勇气,那么任何事情都不能阻挡你前进,你最终必定会取得胜利。

反击别人,不如充实自己

无论痛苦有多么难以忍受,都不要放弃,正因为这些苦难,我们才更坚强、更勇敢。多充实自己,人生就会多一分精彩。

戴尔·卡耐基刚开始拓展事业的时候,经常在各地巡回演讲,举办一些成人教育班和座谈会。

◇你只要笑，就没有输

某次的活动上，一位纽约《太阳报》的记者在后来的报道中毫不留情地攻击卡耐基和他所热爱的工作。这对年轻气盛的卡耐基来说，简直是一桶恶臭难当泼在自己头上的馊水。

卡耐基看了报纸，越想越恼火。这些文字侮辱了他的人格、他的理想，以及他全心全意专注的事业，这个记者在刻意歪曲事实。

情急之下，卡耐基马上打电话给《太阳报》执行委员会的主席，要求刊登一篇声明，以澄清真相。卡耐基当时只有一个念头，就是一定要让犯错的人受到应有的惩罚。

几年后，卡耐基的事业越来越大，他不禁为自己当时的幼稚行为感到惭愧。这时他才体会到，当时气冲冲地想要澄清事实，但是实际上，看那份报纸的人也许只有1/10会看到那篇文章，看到那篇文章的人里面可能有一半会把它当成一件微不足道的小事，而真正注意到这篇文章的人里面，又有一半会在几个礼拜后，把这件事忘得一干二净。如此一来，刊登声明有什么意义呢？

卡耐基明白了一个道理：在你的能力范围内，尽可能做你应该做的事，然后把你的破伞收起来，免得任意批评你的雨水顺着脖子向后背流下去。

第四章
不较真儿，才会拥有惬意的人生

第一节
不钻牛角尖，不做死心眼

凡事不能太较真儿

一件事情是否该认真，这要视场合而定。钻研学问要认真，面对大是大非的问题更要认真。不看对象、不分地点刻板地认真，往往会使自己处于尴尬的境地。

许多非原则性的事情不必过分纠缠计较，鸡毛蒜皮的琐事无须认真，无关大局的枝节无须认真。

◇你只要笑，就没有输

为了有效避免不必要的争论和较真儿，我们大致可以从以下几个方面做起。

1.欢迎不同的意见

当你与别人的意见始终不一致的时候，就要学会取舍。人的脑力是有限的，有些方面不可能完全想到。这时你应该冷静地思考，如果采纳的是别人的意见，就应该衷心感谢对方。

2.不要相信直觉

每个人都不愿意听到与自己不同的声音。当别人提出与自己不同的意见时，你的第一反应是自卫，为自己的意见进行辩护并竭力去寻找根据，其实这完全没有必要。这时你要平心静气地、公平谨慎地对待两种观点，并时刻提防你的自卫意识对你做出正确抉择的影响。

3.耐心把话听完

每次对方提出一个不同的观点，不能只听一点就开始发作，要让别人有说话的机会，以判断此观点是否可取。否则的话，只会增加彼此沟通的障碍和困难，加深双方的误解。

4.仔细考虑反对者的意见

如果对方提出的观点是正确的，可以放弃自己的观点，而考虑采纳对方的意见。一味地坚持己见，只会使自己处于尴尬境地。

5.真诚对待他人

如果对方的观点是正确的，就应该积极地采纳。这样做，有助于缓和气氛。

遇事要懂得转弯

任何事物的发展都不是一条直线，聪明人能看到直中之曲和曲中之直，并不失时机地把握事物迂回发展的规律，通过迂回应变，达到既定的目标。

美国当代著名企业家李·艾柯卡在担任克莱斯勒汽车公司总裁时，想争取到10亿美元的国家贷款来解公司之困。一方面，他向政府提出了一个现实的问题，即如果克莱斯勒公司破产，将有60万左右的人失业，第一年政府就要为这些人支出27亿美元的失业保险金和社会福利开销，政府到底是愿意支出这27亿美元，还是愿意借出10亿美元呢？另一方面，对那些可能投反对票的国会议员，艾柯卡吩咐手下为每个议员列一份清单，单上列出该议员

◇你只要笑，就没有输

所在选区所有同克莱斯勒有经济往来的代销商、供应商的名字，并附上一份万一克莱斯勒公司倒闭，将在其选区产生的经济后果的分析报告，以此暗示议员们，若他们投反对票，因克莱斯勒公司倒闭而失业的选民将怨恨他们，由此也将危及他们的议员席位。

这一办法果然奏效，一些原先强烈反对向克莱斯勒公司贷款的议员不再说话了。最后，国会通过了由政府支持克莱斯勒公司15亿美元的提案——比原来要求的多了5亿美元。

在面对一些暂时没有办法解决的事情时，我们应该学会变通，不能一条道走到黑。生活不是一成不变的，有时候我们转过身，就会突然发现，原来我们的身后也藏着机遇。

不拿犯过的错误来惩罚自己

在生活中，有太多的人喜欢抓住自己的错误不放：没能抓住发展的机遇，就一直怨恨自己不具慧眼；因为粗心而算错了数据，就一直抱怨自己没长大脑；做错了事情伤害到了别人，会为没有及时地道歉而自责很久……

第四章　不较真儿，才会拥有惬意的人生

人不可能不做错事，不可能不走弯路。做了错事，走了弯路之后，有谴责自己的情绪是很正常的。但是，如果你羞愧万分，一蹶不振或自惭形秽，自暴自弃，就是愚人之举了。

卓根·朱达是哥本哈根大学的学生。有一年暑假，他去做导游，因为他总是乐于帮助游客，因此几个芝加哥来的游客就邀请他去华盛顿观光。

卓根抵达华盛顿以后就住进了威乐饭店，他在那里的账单已经预付过了。当他准备就寝时，才发现由于自己的粗心大意，放在口袋里的皮夹不翼而飞。他立刻跑到柜台那里。

"我们会尽量想办法。"经理说。

第二天早上，皮夹仍然没找到。他越想越生气，越想越懊恼，于是想到了很多办法来惩罚自己。

这样折腾了一夜之后，他突然对自己说："不行，我不能再这样一直沉浸在悔恨当中了。我要好好看看华盛顿。说不定我以后没有机会再来了，现在仍有宝贵的一天待在这里。好在今天晚上还有飞机到芝加哥去，一定有时间解决护照和钱的问题。"

于是他立刻动身，徒步参观了白宫和国会山，并且参观了几

◇你只要笑，就没有输

个博物馆。

等他回到丹麦以后，这趟美国之旅最使他怀念的就是在华盛顿漫步的那一天——因为如果他一直抓住过去的错误不放，那么这宝贵的一天就会白白浪费。

放下过去的错误，向前看，才能有更多的收获。我们一生当中会犯很多错误，如果每一次都抓住错误不放，那么我们的人生恐怕只能在懊悔中度过。很多事情，既然已经没有办法挽回，就没有必要再去惋惜悔恨了，与其在痛苦中挣扎浪费时间，还不如重新找到一个目标，再一次奋发努力。

看到劣势，别抓住不放

每个人都有自己的缺点和不足，如果一味地抓住不放，就只能生活在自卑里。

王璇毕业于某知名大学，在一家大型的日本企业上班。大学期间的王璇是一个十分自信、从容的女孩。她的学习成绩在班级里名列前茅。然而，最近王璇的大学同学惊讶地发现，王璇变了，原先活泼可爱的她像换了一个人似的，不但变得羞羞答答，甚至变得畏首畏尾，说起话来、干起事来都显得特别不自信。

原来到日本公司上班后，王璇发现同事的服饰及举止十分高贵，她觉得自己土气十足。于是她对自己的服饰产生了深深的厌恶。第二天，她就跑到商场去了。可是，由于还没有发工资，她买不起那些名牌服装，只能悻悻地回来了。在公司的第一个月，王璇是低着头度过的。她不敢抬头看别人穿的名牌服饰，因为一看，她就会觉得自己穷酸。每当这样比较时，她便感到自卑。

服饰还是小事，令王璇更觉得抬不起头来的，是她的同事们平时用的香水都是洋货。她们所到之处，处处清香飘逸，而王璇用的却是廉价的香水。女人与女人之间，聊起来无非是生活上的琐碎小事，内容无非是衣服、化妆品、首饰等。而关于这些，王璇几乎什么话都没有。

在工作中，王璇也觉得很不如意。由于刚踏上工作岗位，工作效率不是很高，不能及时完成上司交给的任务，有时难免受到批评，这让王璇更加拘束和不安，甚至开始怀疑自己的能力。

此外，王璇刚进公司，她还要负责做清洁工作。看着同事们悠然自得的样子，她就觉得自己与清洁工无异，这更加深了她的

◇你只要笑，就没有输

自卑……

王璇总是一味地轻视自己，认为什么也比不上别人。这种情绪会使她对什么都提不起精神，犹豫、烦恼、焦虑也便纷至沓来。

每一个人都有其优势，都有其存在的价值。有劣势是在所难免的，当我们看到它的时候，没必要总是抓着它不放，这样不仅影响自己的心情，还会阻碍未来的发展。

不苛求他人，不孤立自己

每个人都有可取的一面，也有不足的地方。与人相处，如果总是苛求十全十美，那么永远也交不到真心的朋友。

当年，曾国藩在长沙读书，有一位同学性格暴躁，对人很不友善。因为曾国藩的书桌是靠近窗户的，这个人就说："教室里的光线都是从窗户照进来的，你的桌子放在了窗前，把光线挡住了，这让我们怎么读书？"他命令曾国藩把桌子搬开。曾国藩也不与他争辩，搬着书桌就去了角落里。曾国藩喜欢夜读，每每到了深夜，还在用功。那位同学又看不惯了："这么晚了还不睡觉，打扰别人休息，别人第二天怎么上课啊？"曾国藩听了，不敢大声朗诵了，只在心里默读。

一段时间之后，曾国藩中了举人，那人听了，就说："他把桌子搬到了角落，也把原本属于我的风水带去了角落，他是沾了我的光才考中举人的。"别人听他这么一说，都为曾国藩鸣不平，觉得那个同学欺人太甚。可是曾国藩毫不在意，还安慰别人说："他就是那样子的人，就让他说吧，我们不要与他计较。"

凡是成大事者，都有广阔的胸襟。他们在与别人相处的时候，不会计较别人的短处，而是以一颗平常心看待别人的长处。如果只能看到别人的短处，那么这个人的眼里就只有不好和缺陷。生活中，每个人都可能会跟别人发生矛盾。如果一味地跟别人计较，就可能浪费很多精力。

发生矛盾时，我们总想着与别人争出个高低来，但是往往因为说话的态度不好，双方便吵起来，甚至大打出手。有些矛盾的产生，别人也不一定是故意的，我们给予他包容，他可能就会主动认识到错误。

◇你只要笑，就没有输

不让别人的心态影响自己

你是不是一个有主心骨的人？你在做事时是按照自己的想法做决定，还是听从别人的话？你会不会因为有人说你新买的裙子太花哨而闷闷不乐一整天？你会不会因为别人说你不行就不再去努力？……很多时候，我们会被一些人和事所干扰，在歧路上越走越远。

白云守端禅师有一次和他的师父杨岐方会禅师对坐，杨岐问："听说你从前的师父柴陵郁禅师大悟时说了一首偈，你还记得吗？"

"记得，记得。"白云答道，"那首偈是：'我有明珠一颗，久被尘劳关锁。而今尘尽光生，照破山河万朵。'"他语气中带有几分得意。

杨岐一听，大笑数声，一言不发地走了。

白云怔住了，不知道师父为什么笑，心里很烦，整天都在思索师父的笑，怎么也找不出师父大笑的原因。

那天晚上，他辗转反侧，怎么也睡不着。第二天大清早他就去问师父为什么笑。杨岐笑得更开心了，对着因失眠而眼眶发黑的弟子说："原来你还比不上一个小丑，小丑不怕人笑，你却怕人笑。"白云听了，豁然开朗。

很多时候，我们容易陷入别人的评论之中而迷失了真实的自己。别人的语气、眼神、手势等都可能搅扰我们的心，使我们丧失往前迈进的勇气，甚至让我们成天沉迷在愁烦中不得解脱。

不要因为身边的一些事和人而受到影响，不要因为别人的一句本非善意的话而受到伤害，也不要因为别人做的一些无关紧要的事情而否定自己。

我们都有自己的生活方式、做人的原则，太在意别人的看法、盲从他人，便会丧失主见、失去自我，这样的人生，还有什么意义呢？

上帝曾把0、1、2、3、4、5、6、7、8、9这十个数字摆出来，让面前的十个人去取，说道："一人只能取一个。"

人们争先恐后地拥上去，把9、8、7、6、5、4、3都抢走了。

取到2和1的人，都说自己运气不好。

◇你只要笑，就没有输

可是，有一个人却心甘情愿地取走了0。

有人说他傻："拿个0有什么用？"

有人笑他痴："0是什么也没有呀，要它干啥？"

这个人说"从零开始嘛！"后便埋头不言，孜孜不倦地干起来。

他获得1，有0便成为10；他获得5，有0便成了50。

这个世界多姿多彩，每个人都有属于自己的位置，有自己的生活方式，有自己的幸福，何必羡慕别人？不要被别人的言论所左右，找到属于自己的天空，才能活得更洒脱，才能在人生道路上走得更踏实。

换种思路

有位老婆婆有两个儿子，大儿子卖伞，小儿子卖扇子。雨天，她担心小儿子的扇子卖不出去；晴天，她担心大儿子的生意难做，终日愁眉不展。

一天，她向一位路过的僧人说起此事，僧人哈哈一笑："老人家，你不如这样想，雨天，大儿子的伞会卖得不错；晴天，小儿子的生意自然很好。"老婆婆听了，喜上眉梢。

悲观与乐观，其实就在一念之间。

世界上什么人最快乐呢？犹太人认为，世界上卖豆子的人应该是最快乐的，因为他们永远也不用担心豆子卖不完。

假如他们的豆子卖不完，可以拿回家磨成豆浆，再拿出来卖给行人；如果豆浆卖不完，可以制成豆腐；豆腐卖不成，变硬了，就当作豆腐干来卖；豆腐干卖不出去的话，就把这些豆腐做成腐乳。

人遭受挫折的时候，不应丧失信心，稍加变通，再接再厉，就可能有美好的前途。

条条大路通罗马，不同的只是沿途的风景，而在每一种风景中，我们都可以发现独一无二的精彩。

有一位失败者非常消沉，他经常唉声叹气，很难调整好自己的心态，因为他始终难以走出阴影。他总是一个人待着，脾气也慢慢变得暴躁起来。他没有跟其他人进行交流，他更没有把过去的失败统统忘掉，而是全部锁在心里。他并没有尝试着去寻

◇你只要笑，就没有输

找失败的原因，因此，他虽然始终把失败揣在心里，却没有真正吸取失败的教训。

后来，失败者终于打算去咨询一下别人，希望能够帮自己摆脱困境。于是，他决定去拜访一位成功者，从他那里学习一些方法和经验。

他和成功者约好在一座大厦的大堂见面，当他来到那个地方时，眼前是一扇漂亮的旋转门。他轻轻一推，门就旋转起来，慢慢将他送进去。刚站稳脚步，他就看到成功者已经在那里等候自己了。

"见到你很高兴，今天我来这里主要是向你学习成功的经验。你能告诉我成功有什么窍门吗？"失败者虔诚地问。

成功者突然笑了起来，用手指着他身后的门说："也没有什么窍门，其实你可以在这里寻找答案，那就是你身后的这扇门。"

失败者回过头去看，只见刚才带他进来的那扇门正慢慢地旋转着，把外面的人带进来，把里面的人送出去。两边的人都顺着同一个方向进进出出，谁也不影响谁。

"就是这样一扇门，可以把旧的东西送出去，把新的东西迎进来。我相信你也可以做得到，而且你会做得更好！"成功者鼓励他说。

失败者听了他的话，也笑了起来。

人生就像一张白纸，色彩由每个人自己选择；人生又像一杯白开水，放入茶叶则苦，放入蜂蜜则甜，一切都在自己的掌握中。

◇你只要笑，就没有输

第二节
没有完美的世界，只有完美的心态

以乐观心态笑看挫折

《动物世界》里，一只骆驼步履蹒跚，艰难地在烈日下行走。

旁白："这是一只生病的骆驼，它要独自步行40多公里，去沙漠深处的水源旁采摘一种植物。据说吃下那种植物，骆驼的病很快就能好转、痊愈！"生病的骆驼，居然独自走这么远的路去找药，实在可怜呀。屏幕上，骆驼默默地走着，四只蹄子有规律地抬起又沉重地落下，庞大的身躯忍受着阳光的烤灼和病痛的折磨。细瞧骆驼的面庞，全然没有一般人想象中的悲伤，除了倦怠，骆驼的脸上是一种平静而怡然的情态。

单调枯黄的沙漠、沉闷的天空、灼热的太阳随着镜头的推进——浮现。生病的骆驼终于走完了寂寞的路程，找到了治病的植物。几天之后，骆驼康复了，它甩开蹄子在大沙漠上快乐地奔跑、游玩。

现代社会是一个竞争激烈的社会，如何保持乐观的心态是相当重要的。许多心理健康专家认为，适应能力良好的人或心理健康的人，能以正视现实的心态和行为面对挑战，而不是逃避问题，怨天尤人。

但是，在现实生活中，能够以乐观的态度面对挫折与挑战其实并非易事。现实中有不少人或因工作、事业中的挫折而苦恼抱怨，或因家庭、婚姻关系不睦而心灰意冷，甚至有的因遭受重大打击而产生轻生的念头。

其实，人的一生，或多或少都会遇到不如意的事情，能否以乐观的心态来面对，对于我们来说是至关重要的。

在话剧界，有一位著名演员叫波尔赫特，她在舞台上活跃了50年之久。但当她71岁时，却突然发现自己破产了。更糟糕的是，她在乘船横渡大西洋时，不小心摔了一跤，腿部伤势很严重，而且引发了静脉炎。

她的主治医师认为，必须把腿截去才能使她转危为安。可是，医生迟迟不敢把这个可怕的消息告诉波尔赫特，怕她承受不了这个打击。

◇你只要笑，就没有输

但事情出乎医生的意料。当医生最后不得不把这个消息说出来时，波尔赫特注视着他，平静地说："既然没有别的更好的办法，就这么办吧。"

手术那天，波尔赫特高声朗诵着戏里的一段台词，一副乐观的样子。有人问她是不是在安慰自己，她的回答是："不！我是在安慰医生和护士，他们太辛苦了。"

手术后，波尔赫特继续顽强地在世界各地演出，又在舞台上工作了。

面对生活或工作上的挫折，我们要像波尔赫特一样抬起头来，笑对它，相信这一切都会过去，今后会好起来的。在多难而漫长的人生路上，需要灿烂的笑容。如果说挫折是人生的冬天，那么乐观便是通往春天的桥梁。

卸下情绪的重负

接纳自己，欣赏自己，将所有的自卑全都抛到九霄云外，这是一个人保持快乐的重要前提。一个以高标准来要求自己、不能容忍自己不完美的人，是无法享受到生活的快乐的。

第四章　不较真儿，才会拥有惬意的人生

他们给自己设定了太多的条条框框，这使得他们背负了太多的重担。

亨利是一个快乐的年轻人。他3岁时不慎被高压电流击伤，因双臂坏死而截肢。从这之后，父母将他送到附近的一个残疾人孤儿院，他在那里整整住了16年，父母很少去看他。在孤儿院没有人教他应当怎样做事情，一切都得自己摸索。一开始，亨利用嘴叼着笔写字，由于离纸太近，眼睛疼痛，于是他改用脚写字。他在孤儿院上完了中学。

回到故乡后，亨利开始边工作边学习，他在一个师范学院学习文学专业。他并不想当老师，只是想完善自己。他和其他学生一样要做作业，参加各门测验和考试。亨利通过训练能够自己照顾自己的生活；他会用脚斟茶，拿小勺往茶里加糖，并灵巧地抓住小小的茶杯，慢慢地品茶；电话铃声响了，他能够抓起听筒。他能够处理一些简单的家务。

他的妻子琼斯说："亨利很聪明，要是什么事情做不了，他就会琢磨该怎么办。他是一个优秀的绘图员，他会修各种电器，搞得懂所有的线路。比如电子表坏了，他就把它拆开修理，用小

◇你只要笑，就没有输

锯子灵巧地把零件一一装好。他的表总是挂在脖子上，他是用膝盖托起表来看时间的。他总是一刻不停地干这干那。他还改过裙子呢，又是量，又是画线，又是剪，最后用缝纫机做好。在家乡他挺知名的，一天到晚总是吹着口哨或哼着歌曲，是个无忧无虑的快乐人。"

亨利喜欢唱歌，参加过巡回演出。他常常到孤儿院去义演。他和他16岁的儿子一起录制磁带送给朋友们。他靠600美元的退休金和妻子微薄的工资生活，十分清苦。但是，对于他来说，最令他开心的是他感觉自己是一个自食其力的人。

亨利的故事告诉我们，只要一个人学会接纳自己，能够以一颗平常心去接纳自己的不完美，就能够拥有快乐的人生。如果总是让自己背负着沉重的负担，终日陷在悲观郁闷的情绪中，生活就只能是一场苦旅。

绕个圈子，才能避开钉子

在生活中，我们难免会因为一些竞争而与对手针锋相对。矛盾也许不可避免，但是我们真的没有必要非跟别人斗个你死

第四章 不较真儿，才会拥有惬意的人生◇

我活。

聪明的人总是懂得在危险中保护自己，而愚蠢的人总是喜欢依靠蛮力。

一位搏击高手参加比赛，自以为稳操胜券。

出乎意料，在最后的决赛中，他遇到一个实力相当的对手。搏击高手意识到，自己找不到对手招式中的破绽，而对手的攻击却能够突破自己防守中的漏洞，有选择地打中自己。

比赛的结果可想而知。他愤愤不平地找到师父，将对手和他搏击的过程再次演练给师父看，并请求师父帮他找出对手招式中的破绽。他决心根据这些破绽找到对策，在下次比赛时打倒对手，夺得冠军。

师父笑而不语，在地上画了一条线，要他在不擦掉这条线的情况下，设法让这条线变短。

搏击高手百思不得其解，怎么能使地上的线变短呢？最后，他无可奈何地放弃了思考，转向师父请教。

师父在原先那条线的旁边，又画了一条更长的线。两者相比，原先的那条线看来变得短了许多。

◇你只要笑，就没有输

师父开口道："夺得冠军的关键，不仅仅在于如何攻击对方的弱点，正如地上的长短线一样，你要懂得放弃从这条线上做文章，寻找另一条更长的线。也就是说，只有你自己变得更强，对方才会在相比之下变弱。如何使自己更强，才是你需要苦练的根本。"徒弟恍然大悟。

师父笑道："搏击要用脑，要学会选择，攻击其弱点。同时要懂得放弃，不跟对方硬拼，以自己之强攻其之弱，你才能夺得冠军。"

不跟对手硬拼是一种智慧，绕开圈子才能避开钉子。适当地给对手留有余地，也许可以化僵持为友好；适当地给自己留有余地，才有机会东山再起，才能把握好更多的机遇。

用完美的心态笑对不完美的世界

一个人活在世上，要敢于"放开眼"，而不向人间"浪皱眉"。选择"放开眼"，你就能乐观自信地面对一切；选择"浪皱眉"，你就只能眉头紧锁，郁郁寡欢。

职场人士不应把工作看作一种痛苦的经历，而应该把工作当成一种快乐的积累，这样才能全身心投入，享受工作带来的快乐。

方明大学毕业后，来到一家广告公司做业务员，他的主要工作是通过电话联系指定客户，然后再去拜访那些有广告意向的客户。在办公室里电话联系客户是很轻松的，可每当要出去和客户面谈的时候，他就有些不愿意了，因为有些公司在郊区，十分不方便，不仅要转几趟车，有时还要步行。

一天夜里，方明睡不着，自己躺在床上想：为什么自己会有这种想法呢？想了好久，他终于知道，原来自己还没有真正融入工作，还在片面地看待工作，这样自己永远不会快乐。这是自己的工作，既然选择了跑业务，就必须以积极的心态去接受工作的所有内容，和客户面谈也是工作的重要部分，又怎么能不去呢？

如今，方明已经成为一家跨国公司的销售总监了。回顾那段在广告公司做业务员的经历时，他说："拜访客户让我学到了很多，比如如何面对客户，如何与人沟通和交流等。"

世界并不完美，但是心态可以完美。以感恩和积极的心态去

◇你只要笑，就没有输

面对工作，我们会发现工作也会有转机。

汤姆森是一个小药店的老板，一直想找能干一番大事业的机遇。然而，很长时间过去了，他认为的机遇并没有出现。对此，他抱怨不已，认为自己有干大事业的本事，却没有干大事业的机遇。在生活中的大部分时间里，他并不是去研究市场，而是在花园里散心，他所经营的小药店也因此门庭冷落了。

有一天，他突然下定决心摆脱怨天尤人的心态，从自己的药店做起。他用那种发自内心的热情告诉别人，他是如何尽量提高服务质量使顾客满意的，以及他对药店这一行业有多么大的兴趣。

"如果附近的顾客打电话来买东西，我就会一面接电话，一面举手向店里的伙计示意，并大声地回答说：'好的，艾森克夫人，一瓶三两的樟脑油，还要别的吗？艾森克夫人，今天天气很好，不是吗？还有……'我尽量想些别的话题，以便能和她继续谈下去。

"在我和艾森克夫人通电话的同时，我指挥着伙计们，让他们把顾客所需要的东西以最快的速度找出来。而这时负责送货的

第四章　不较真儿，才会拥有惬意的人生

人，正忙着穿外衣。在艾森克夫人说完她所要的东西之后不到一分钟，送货的人已带着她所需要的东西上路了。而我则仍旧和她在电话中闲谈着，直到等她说：'呵呵，汤姆森先生，请先等一等，我家的门铃响了。'

"于是我笑了笑，手里仍拿着话筒。不一会儿，她在电话中说：'喂，汤姆森先生，刚才敲门的就是你们的店员，他给我送东西来了！我真不知道你怎么会这么快，这太神奇了。我今天晚上一定要把这件事告诉艾森克先生。'

"因为我这里有优质的服务，过了不久，几条街以外的居民也都舍近求远地跑到我们店里来买药了。以至于后来城里好多药店老板跑到我这儿来取经，他们不明白，为什么偏偏我的生意会做得这样好。"

这便是汤姆森先生成功的方法，也正是这一方法，使他的药店生意兴隆，其分店几乎在全美遍地开花，以前所未有的速度迅速占领了零售市场。

汤姆森的事业之所以能够成功，有一个小小的秘诀，那就是，他摒弃了对工作的抱怨，在工作中保持积极的心态。

◇你只要笑，就没有输

《唤醒心中的巨人》一书的作者安东尼·罗宾说过："众所周知，除了少数天才，大多数人的禀赋相差无几。那么，是什么在造就我们、改变我们？是态度！"

一个人总是抱怨自己的境况如何恶劣，最终只会让自己的处境更加恶劣。

第五章

乐观面对生活，莫让急躁毁了你

第一节
事成于理智毁于急

冲动背后有魔鬼

禅师正在打坐，这时来了一个人。他猛地推开门，又砰地关上门。他的心情不好，所以就踢掉鞋子走了进来。

禅师说："等一下！你先不要进来。先去请求门和鞋子的宽恕。"

那人说："你说些什么呀？我听说你们这些人都是疯子，看

◇你只要笑，就没有输

来这话不假，我原以为那些话是谣言。你的话太荒唐了！我干吗要请求门和鞋子的宽恕啊……"

禅师又说："你出去吧，永远不要回来！你既然能对鞋子发火，为什么不能请它们宽恕你呢？你发火的时候一点也没有想到对鞋子发火是多么愚蠢的行为。当你满腔怒火地关上门时，你的行为是错误的，那扇门并没有对你做什么事。"那人顿时领悟了。

禅师的话对他起到了醍醐灌顶的作用。的确，没有平和的心态，一味地冲动是无法走向成功的。

如果在处理问题的时候不那么冲动，理性地看待问题，那么事情将会好处理很多。在快要发脾气时，可默念"镇静、镇静，三思、三思"之类的话。

"欲速则不达"不是一句空话

孔子的弟子子夏在莒父做地方官，他来向孔子问政，孔子告诉他，要有远大的眼光，不要急功近利，不要想很快就能拿成果来表现，也不要为一些小利益花费太多心力，要顾全大局。"欲速则不达"便是其中的核心与关键,这是人所共知的道理。

一味地求急图快,事情只会办不好,这和人们常说的"心急吃不了热豆腐"是同一个道理。万事万物都有一定的发展规律,越是着急,就越是会把事情弄得一团糟。

有一个小朋友,很喜欢研究生物,他想知道蛹是如何破茧成蝶的。有一次,他在草丛中玩耍时看见一只蛹,便带回了家,日日观察。几天以后,蛹出现了一条裂痕,里面的蝴蝶开始挣扎,想抓破茧壳飞出。艰辛的过程达数小时之久,蝴蝶在茧里辛苦地拼命挣扎,却无济于事。

小朋友看着有些不忍,想要帮帮它,便随手拿起剪刀将茧剪开,蝴蝶破茧而出。但没想到,蝴蝶挣脱以后,因为翅膀不够有力,根本飞不起来,最终痛苦地死去。

破茧成蝶的过程非常痛苦和艰辛,但只有付出这种辛劳才能换来日后的翩翩起舞。外力的帮助,违背了本应有的自然过程,让蝴蝶最终痛苦地死去。

◇你只要笑，就没有输

有谁能想到显微镜的发明者竟是荷兰西部一个小镇上的门卫，他叫范·列文虎克。

列文虎克当上门卫后，选择学习用水晶石磨放大镜片，磨一副镜片常常需要几个月的时间。为了不断提高镜片的放大倍数，他一边不间断地磨着，一边总结经验。尽管人们不愿干这种单调重复的劳动，但他并不厌倦，几十年如一日。直到第六十年时，他终于磨出了能放大三百倍的显微镜片，使人类第一次发现了细菌。于是他成了举世闻名的发明家，获得了英国皇家的奖励。

追求效率原本没错，然而，一旦陷入冒进的旋涡之中，失败便已注定了。

急功近利，只会劳而无功

在现实生活中，不少人学习"成功哲学"，不扎扎实实努力，而是急功近利，投机取巧，这种态度势必会使工作效率大打折扣，久而久之，也必定会影响事业的发展。

小威和孙博同时被一家汽车销售店聘为销售员，同为新人，两个人的表现却大相径庭。小威每天都跟在销售前辈身后，留心记下别人的销售技巧，学习如何才能销售出更多的汽车，积极向顾客介绍各种车型，没有顾客的时候就坐在一旁研究、默记不同车型的配置；孙博则把心思放在了如何讨好领导上，掐算好时间，每当领导进门时，他都会装模作样地拿起刷子为汽车做清洁。

一年过去了，小威潜心业务、能力不断提升，终于得到了回报，不仅在新人中销售业绩遥遥领先，在整个公司也名列前茅，得到了老板的特别关注，并在年底顺利地被提升为销售顾问。而孙博却因好几个月业绩不达标而濒临淘汰，部门领导也因此冷淡了他。孙博在公司的地位岌岌可危，不久便被迫离开了。

与其像孙博这样辛苦表演，最后却换来竹篮打水一场空的结果，倒不如像小威那样，一开始就端正态度，扎扎实实做事。在创造业绩的同时，自己的能力与价值也得到了提升，今后要想谋求大的发展也就相对容易了。

要想取得一番成就，该戒骄戒躁，脚踏实地，扎扎实实地积累与突破。

在当今时代，低姿态的进取方式常常能够取得出奇制胜

◇你只要笑，就没有输

的效果！

做人切忌浮躁、虚荣、好高骛远，应沉下心来，守住内心的宁静，淡泊名利，踏实求进。

面对生活，要学会放慢脚步

在现代社会，我们的步调被调整得很快。走路要快，吃饭要快，说话要快……我们从不满足于现有的速度与效率，不断地寻找加速的新方法，并且从这种高度紧张中获得极大的快感。

随着人们对快的追求，工作中是否忙碌、充实，便成了考量个人工作效率的主要依据，自然也就形成了快节奏等于高效率的理念。然而事实确实如此吗？

阿尔伯特是美国著名的演说家及作家，每天都要坐飞机或者火车到世界各地采访、演讲。有一次，他应邀到日本演讲，搭乘大阪往东京的新干线，在快到横滨时，由于出现故障，火车被迫停驶。车长在车内广播："各位旅客，对不起，由于铁路临时出现了故障，列车要暂停20分钟左右，请各位旅客稍候，谢谢！"

阿尔伯特是个急性子，刚开始有一些烦躁不安，火车停驶20分钟，

第五章　乐观面对生活，莫让急躁毁了你

对于一个注重效率，时间又十分宝贵的人来说无疑是重大损失。

但是快30分钟了，火车丝毫也没有要发动的迹象。正当他越来越焦躁不安时，车内再度广播："很抱歉，请再稍候一会儿。"此时，他心想，焦躁也无济于事，不如找些别的事做。

阿尔伯特看完手边的报纸杂志和书后，就去拿《时事周刊》阅读。车内的乘客，大概有很多人是忙人，他们焦躁地到处走动，向车长询问一些事情。阿尔伯特回忆这次特别的经历时说："火车由原先预定的延迟20分钟，变成了延迟一个小时、两个小时，最后停了三个小时，因此抵达东京时，我几乎看完了那本报道前总统卡特的《时事周刊》。假如火车依照时间准时到达东京，或许我就无法获得有关前总统卡特的详细知识。"

现代人一味强调高效，而这些所谓的忙碌，实际上是在为自己制造慌乱，因为这种要求自己越快越好的压力使现代人变得越来越浮躁。整天忙碌并不一定有效率。强迫自己工作、工作、再工作，只会损耗自己的体力和创造力。为了真正提高工作效率，我们应该尝试放慢脚步。

◇你只要笑，就没有输

循序渐进才是做事的根本

做事情老是求快，就会忘记了质量，浮躁的人就有这样的缺点。

很多人虽然心怀梦想，但是不懂得如何规划人生，不懂得梦想只有在脚踏实地的工作中才能实现。因此，他们往往会产生浮躁的情绪。在浮躁情绪的影响下，他们常常抱怨自己的才能无从施展，抱怨没有伯乐。

一个忙碌了半生的人，这样诉说自己的苦闷："我这一两年一直心神不定，老想出去闯荡一番，总觉得在我们那个单位待着憋闷得慌。看着别人房子、车子、票子都有了，心里慌啊！以前也做过几笔买卖，都是赔多赚少。我去买彩票，可结果花几千元连个声响都没听着。后来又换了几家单位，不是这家单位离家太远，就是那家单位专业不对口，再不就是待遇不好，反正找个合适的工作太难！天天无头苍蝇一般，反正，我心里就是不踏实、闷得慌。"

第五章 乐观面对生活，莫让急躁毁了你◇

人浮躁了，会终日处在又忙又烦的状态中，脾气会暴躁，神经会紧绷。

有一个人得了很重的病，给他看病的医生对他说："你必须多吃人参，这样你的身体才能强壮一些，病才会好！"这个人听了医生的话，果然就去买了人参来吃，吃了一只就不吃了。

后来医生见到这个病人就问他："你的病好了吗？"病人说："你叫我吃人参，我吃了一只人参，就没有再吃了，可我的病怎么还没有好？"医生说："你吃了第一只人参，怎么不接着吃呢？难道吃一只人参就指望把身体养好吗？"

故事中的病人不明白治病需要循序渐进、坚持治疗，而是寄希望于吃一只人参就能恢复健康。很多人不懂得坚持忍耐，只想着一蹴而就。这样的人，自然是无法触摸到成功的。

许多浮躁的人曾经有过梦想，却始终壮志未酬。实际上，生活和工作中到处充满机会：学校中的每一堂课都是一个机会；每次考试都是一个机会；报纸中的每一篇文章都是一个机会；每个客户都是一个机会；每次训诫都是一个机会；每笔生意都是一个机会。

◇你只要笑，就没有输

脚踏实地的耕耘者在平凡的工作中创造了机会，抓住了机会，实现了自己的梦想；而不愿俯视手中工作，嫌其琐碎平凡的人，在焦虑地等待机会的过程中，度过了并不愉快的一生。

第二节
动心忍性，不急躁才能成事

忍让是一种智慧

忍让是一种修养、一种智慧。

在公共汽车上一个男青年往地上吐了一口痰，售票员看到了对他说："同志，为了保持车内的清洁卫生，请不要随地吐痰。"

没想到那个男青年听后不仅没有道歉，反而破口大骂，说出一些不堪入耳的脏话，然后又狠狠地向地上连吐了三口痰。

那位售票员是位年轻的姑娘，此时气得脸通红，眼泪在眼眶里直打转。车上的乘客议论纷纷，有为售票员抱不平的，有帮着那个男青年起哄的，也有挤过来看热闹的。大家都关心事态的发展，有人悄悄说让司机把车开到公安局去，免得一会儿在车上打起来。没想到那位女售票员定了定神，平静地看了看那位男青年，对大伙说："没什么事，请大家回座位坐好，以免摔倒。"她一边说着，一边从衣袋里拿出纸巾，弯腰将地上的痰擦掉，扔到了垃圾桶里。

看到这个举动，大家都愣住了。车上鸦雀无声，那位男青年的脸上也不自然起来，车到站还没有停稳就急忙跳下车去，刚走了两步，又跑了回来，对着售票员喊了一声："我服你了。"

明明是乘客错了，售票员却不争、不吵，用忍让维护了公交车上的正常秩序。正因为这样，她不仅赢得了乘客的尊重，还让那个没礼貌的男青年认识到了错误。

忍让可以缓解矛盾，也是人际交往中有修养、有智慧的表现。

怒发冲冠，不如云淡风轻

在生活中，我们可能会遇到这样的人：他们一生气就喜欢摔东西，但是过后又非常后悔。

◇你只要笑，就没有输

在现实社会中，人难免会遇到些不顺心的事，人与人之间难免会为了一些事情发生矛盾。生气是拿别人的过错来惩罚自己的愚蠢行为，所以，为了自己的健康要学会控制愤怒。

有一个农夫，因为一件小事和邻居争论得面红耳赤，两个人谁也不肯让谁。最后，农夫气呼呼地去找智者——他肯定能断定谁是谁非。

"智者，您来帮我评评理吧！我那邻居简直不可理喻！他竟然……"农夫怒气冲冲，一见到智者就开始了他的抱怨和指责。但当他正要大肆讲述邻居的不是时，被智者打断了。

智者说："对不起，正巧我现在有事，麻烦你先回去，明天再说吧。"

第一天一大早，农夫又愤愤不平地来了，不过，显然没有昨天那么生气了。

"今天您一定要帮我评个是非对错，那个人简直是……"他又开始数落起邻居的恶劣。智者不快不慢地说："你的怒气还没有消退，等你心平气和后再说吧！正好我昨天的事情还没有办完。"

接下来的几天,农夫没有再来找智者。有一天,智者散步时遇到了农夫,他正在地里忙碌着,心情显然平静了许多。

智者问道:"现在你还需要我来评理吗?"说完,他微笑地看着农夫。

农夫羞愧地笑了笑,说:"我已经心平气和了!现在想来那也不是什么大事,不值得生那么大的气,只是给您添麻烦了。"

智者仍然心平气和地说:"这就对了,我不急于和你说这件事情,就是想给你思考的时间让你消消气啊!记住,任何时候都不要在气头上说话或做事。"

一个人也许改变不了自己易发怒的性格,但可以控制自己的行为。

学会疏解不良情绪

人的情绪非常复杂,除了生理性的因素外,还有什么别的因素能决定我们的情绪平衡呢?最主要的是我们对生活的态度,也就是我们对所生活的环境的反应。

◇你只要笑，就没有输

小冬说，当她和丈夫发生矛盾后，大多时候是花钱消气。和朋友说，又觉得大家都有压力，不想把自己的不快带给朋友；和父母说，又不想让他们担心；和丈夫讲，急性子的她和慢性子的他是越讲越生气，一时半会儿根本讲不通。如果用家里的东西来发泄，最后的"战场"还得自己来打扫。

说来说去，也只有让自己的不满发泄到外界。于是，她生气时就会出去逛街，平时想吃的甜点开心地吃，平时想买的衣服放开买，平时舍不得去玩的地方尽情地玩……总而言之，只要能让自己的情绪发泄出去，做什么都行！等到钱花得差不多了，自己的情绪也就慢慢平复了。但事后，再看那些买来的东西，有时也会心疼，当时怎么就下得了狠心呢？

小冬的这种行为属于通过满足自己的物欲来平复内心的情绪。

控制情绪并没有想象中那么难，只要掌握一些正确的方法，就可以很好地驾驭自己的情绪。学会控制情绪也是一个长期的过程，平时就要把自己的心态调整好，把保持良好的情绪当成一种习惯。

情绪要控制而不要压抑，体育锻炼能让人疏解压力。同时，我们也可以走进大自然，让大自然的魅力和纯洁来净化自己的心灵。艺术活动对人的神经系统和内分泌系统都有积极的冲击力，能够使人产生无法用语言表达的快感。如果能够把痛苦说出来，即使别人不能给予你指导，你也会感到舒服很多。

宽心制怒才可能成大器

人怀七情，怒为其一。喜怒无常是不成熟的表现，宠辱不惊理应为成年人的本色。

明神宗时，李三才可以说是一位好官，他曾经极力主张废除天下矿税，减轻民众负担，而且他疾恶如仇，不愿与那些贪官同流合污，但是他在"忍"上的造诣却太差。

有一次上朝，他居然对明神宗说："皇上爱财，也该让老百姓得到温饱。皇上为了私利而盘剥百姓，有害国家之本，这样做是不行的。"李三才毫不掩饰自己的愤怒，但他的行为也激怒了明神宗，因此他被罢了官。

后来李三才东山再起，有许多朋友担心他的处境，于是劝他

◇你只要笑，就没有输

说："你疾恶如仇，恨不得把奸人铲除，总把喜怒挂在脸上，让人一看便知啊。和小人对抗不能只凭愤怒，你应该巧妙行事。"李三才不以为意，认为那样做是可耻的，他说："我就是这样，和小人没有必要和和气气的。小人都是欺软怕硬的家伙，要让他们知道我的厉害。"可没过多久，李三才又被罢了官。

回到老家后，李三才的麻烦还是不断。朝中奸臣担心他被重新起用，于是继续攻击他，想把他彻底打垮。御史刘光复诬陷他盗窃皇木，营建私宅，还一口咬定他勾结朝官，任用私人。李三才愤怒异常，不停地写奏书为自己辩护，揭露奸臣们的阴谋。

渐渐地，他对皇上也有了怨气，并且毫不掩饰自己愤怒的情绪，他对皇上说："我这个人是忠是奸，皇上应该知道，皇上不能只听谗言。如果是这样，皇上就对我有失公平了，而得意的是奸贼。"

最后，明神宗再也受不了他了，便下旨收回了先前给他的一切封赏。

愤怒是危害人类身心健康的大敌，是人生美好乐章中的不和谐音符。

我们要谨记，制怒是身心健康的基石，是维护人际关系的润滑剂，是工作顺达的阶梯，是事业成功的保障。

第六章

遇事不失控，笑对成败得失

第一节
掌控自我

自我克制是成功的基本要诀

克制自己是成功的基本要诀之一。太多的人不能克制自己，不能把自己的精力全部投入工作中。

自我克制或许能够造就一个天才，而自我放纵却能毁灭十个天才。

◇你只要笑，就没有输

14世纪，有个叫罗纳德三世的贵族，他是世袭封地的正统公爵，他弟弟反对他，把他推翻了。弟弟需要摆脱这位公爵，但又不想杀死他，便想了个办法。罗纳德三世被关进牢房后，弟弟命人把牢房的门改得比以前窄了一些。罗纳德三世身高体胖，胖得出不了牢门。弟弟许诺，只要罗纳德能减肥并自己走出牢门，就让他获得自由，连爵位也会给他恢复。

可惜罗纳德不是那种有自制能力的人，他无法抵挡弟弟每天派人送来的美食的诱惑，结果不但没有减肥，反而更胖了。最后他到死也没出这个牢房。

一个没有自控力的人，就像被关在铁栅栏中的囚犯。如果没有自控力，就永远不可能成功。自控力决定了人们在关键时候的所作所为。

自控使人充满自信，也能赢得别人信任。

不要让他人影响你的情绪

秦朝末年，楚汉相争。在垓下，刘邦和项羽展开了决战。

刘邦的军队把项羽的军队包围了。为了减弱项羽军队的抵抗

第六章 遇事不失控，笑对成败得失

力，谋臣张良吹起悲伤的楚国歌曲，并让汉军中的楚国降兵随他一齐唱。

歌声传到楚军营中，使楚军产生了缠绵的思乡之情。思乡之情蔓延开来，大家的斗志大为减弱。

思念家乡，士兵就会无心恋战，谁都渴望赶快回到家乡和亲人团聚，不愿意在这场几乎已成败局的战争中白白牺牲自己的性命。

战争中，士气是极为重要的。这首歌曲中浓浓的乡情，使楚军的战斗力锐减。

结果，项羽营中的士兵在这首歌曲的感染下，有的逃跑，有的斗志松懈，有的投了降。

刘邦之所以获得成功，是得益于张良对情绪的把握。我们可以想想看，楚军本身就情绪低落，这是他们心理防线最薄弱的时刻，在这样的情境下，士兵们听到来自家乡的歌谣，自然而然会想到自己的亲人。

现代心理学指出，在外界作用的刺激下，一个人的情绪和情感的内部状态和外部表现，能影响和感染别人。

◇你只要笑，就没有输

小璐有一次和客户谈项目，与对方谈得非常投机，于是双方决定立刻签订合同，可当时向公司主管申请已经来不及了。

于是，小璐出面与对方签订了合同。其实细算起来，那应该算是一笔大单。但后来公司却以她擅自越权为由，向她提出了解约。当时小璐无法理解为什么自己为公司带来了效益却仍得不到信任。

后来她从侧面了解到由于她的业务能力强，她在公司内部的对手向公司主管打小报告，说她与客户私下有金钱交易。而这次她与客户签订合同，让本来疑心就重的主管下决心炒掉她。

对于这个决定，小璐非常气愤。但冷静下来后，她认为自己在这样的氛围中工作，未来的发展会非常不利，这次的离职其实也是自己重新发展的一个大好契机。只是以自己被炒为结局，实在心有不甘。

小璐能控制自己的情绪，清醒地认识到自己的处境是很明智的。如果因为他人的影响，而使自己做出失控的事情来，那就是自己的损失了。

在生活中，一个人的情绪很容易受到他人的影响。但这样并不利于解决任何问题，反而会让我们的头脑不清醒，甚至做出一些让自己后悔的事情来。

学会控制不合理的欲望

合理、有度的欲望本是人奋发向上、努力进取的动力。但欲望一旦转变为贪欲，那么人在遇到诱惑时就会失去理性。

一位顾客走进一家汽车维修店，自称是某运输公司的汽车司机。他对店主说："在我的账单上多写几个零件，我回公司报销后，有你一份好处。"但店主拒绝了他的要求。顾客继续纠缠说："我的生意很大，我会常来的，这样做你肯定能赚很多钱！"店主告诉他，无论如何也不会这样做。顾客气急败坏地嚷道："谁都会这么干的，我看你真的是太傻了。"

店主发火了，指着那个顾客说："你给我马上离开，请你到别处谈这种生意。"谁知这时顾客竟露出微笑，并紧紧握住店主的手说："我就是这家运输公司的老板，我一直在寻找一个固定的、信得过的维修店，我终于找到了，你还让我到哪里去谈这笔生意呢？"

◇你只要笑，就没有输

面对诱惑不动心，不为其所惑。这样的人是真正懂得如何生存的人。

古往今来，因不能节制欲望，不能抗拒金钱、权力、美色的诱惑而身败名裂，甚至招致杀身之祸的人不胜枚举。这个世界有太多的诱惑，一不小心就会掉入陷阱。找到自我，固守做人的原则，守住心灵的防线，不被诱惑，你才能生活得自在。

1856年，亚历山大商场发生了一起盗窃案，共失窃8块金表，损失16万美元。在当时，这是相当庞大的数字。

案子侦破前，有个纽约商人到此地批货，随身携带了4万美元现金。当他到达下榻的酒店后，先办理了贵重物品的保存手续，接着将钱存进了酒店的保险柜中，随即出门去吃早餐。在咖啡厅，他听见邻桌的人在谈论金表失窃案，因为是一般的社会新闻，这个商人并不当回事。中午吃饭时，他又听见邻桌的人谈及此事，他们说有人用1万美元买了两块金表，转手后净赚了3万美元，其他人纷纷投以羡慕的眼光说："如果让我遇上，该有多好！"

商人听到后，却怀疑地想："哪有这么好的事？"到了晚餐时间，关于金表的讨论居然再次出现在他耳边，等到他吃完饭，回到房间后，忽然接到一个神秘的电话："你对金表有兴趣吗？我知道你是做大买卖的商人，这些金表在本地并不好脱手，如果你有兴趣，我们可以商量看看，品质方面，你可以到附近的珠宝店鉴定，如何？"商人听后，不禁怦然心动，他想这笔生意可获取的利润比一般生意丰厚许多，便答应与对方会面详谈，结果以4万美元买下了3块金表。

但是第二天，他拿起金表仔细研究后，觉得有些不对劲，于是他将金表带到熟人那里鉴定，没想到鉴定的结果是，这些金表居然都是假货。直到这帮骗子落网后，商人才明白，从他一进入酒店存钱，这帮骗子就盯上了他，而他听到的金表话题也是他们故意安排设计的。

贪婪自私的人往往鼠目寸光，所以他们只瞧得见眼前的利益，看不见身边隐藏的危机。我们一定要随时提醒自己，控制自己不合理的欲望，因为你的贪欲很可能让你失去一切。

◇你只要笑，就没有输

改变态度，你就可能成为强者

一天，一只老虎躺在树下睡大觉。一只小老鼠从树洞里爬出来时，不小心碰到了老虎的爪子，把它惊醒了。

老虎非常生气，张开大嘴就要吃它，小老鼠吓得瑟瑟发抖，哀求道："求求你，老虎先生，别吃我，请放过我这一次吧！日后我一定会报答你的。"

老虎不屑地说："你一只小小的老鼠怎么可能帮得了我呢？"但它最后还是把老鼠放走了，因为它觉得一只小小的老鼠还不够塞自己的牙缝。

不久，这只老虎出去觅食时被猎人设置的网罩住了。它用力挣扎，使出浑身力气，但网太结实了，越挣扎罩得越紧。于是它大声吼叫，小老鼠听到了它的吼声，就赶紧跑了过去。

"别动，尊敬的老虎先生，让我来帮你，我会帮你把网咬开的。"

小老鼠用它尖锐的牙齿咬断了网上的绳结，老虎终于从网里逃脱出来。

"上次你还嘲笑我呢，"老鼠说，"你觉得我太弱小了，没法报答你。你看，现在不正是一只弱小的小老鼠救了你的性命吗？"

读完这个故事，我们不难明白，在这个世界上，没有谁注定就是强者，也没有谁注定就是弱者。强大如老虎，在猎人的陷阱里，它就变成了弱者；弱小如老鼠，在结实的网绳前，拥有锋利牙齿的它也变成了强者。

你或许貌不惊艳，技不如人，出身贫寒，资质平平，在人才辈出的社会里就像"多一个不多，少一个不少"的那个人。如果这么想，你就错了。

法国文豪大仲马在成名前穷困潦倒。有一次，他跑到巴黎去拜访父亲的一位朋友，请他帮忙找个工作。

父亲的朋友问他："你能做什么？"

"没有什么了不得的本事。"

"数学精通吗？"

"不行。"

"你懂得物理吗？或者历史？"

◇你只要笑，就没有输

"什么都不知道。"

"会计呢？法律如何？"

大仲马满脸通红，第一次知道自己太差劲了，便说："我真惭愧，现在我一定要努力补救我的这些不足。相信不久之后，我一定会给您一个满意的答复。"

父亲的朋友对他说："可是，你要生活啊！把你的地址留在这张纸上吧。"大仲马无可奈何地写下了自己的住址。

父亲的朋友看后高兴地说："你的字写得很好呀！"

大仲马在成名前也曾有过自认为一无是处的时候。然而，父亲的朋友却发现了他的一个优点——字写得很好。

我们切不可对自身的长处视而不见。不要死盯着自己不足的一面，更应看到自己身体健康、会唱歌、文章写得好等不被外人和自己留意或发现的强项。

只要你认识到自己的力量，释放自己的能量，你就是生活的强者。

第二节
笑看人生，成败得失俱从容

远离抱怨的情绪

困境时不抱怨、不消沉、不自暴自弃，顺境时不得意、不炫耀、不猖狂，这样的人才是生活的智者。

在《动物世界》里有这样一组镜头：

草地上，一只屎壳郎推着一个粪球，急急忙忙地往家里赶。虽然草地高低不平，但这只屎壳郎毫不在意，它推的速度比自己的同伴要快得多。显然，这只屎壳郎是快乐的。

在屎壳郎回家的必经之路上，一根伸到路面上的荆棘格外显眼，这根荆棘上有根尖尖的刺，它就成了这条路上的拦路虎。屎壳郎没有发现危险，它依旧专心、快乐地推着粪球，前进，前进……

也许是冥冥之中的安排，不偏不斜，屎壳郎推的那个粪球，

◇你只要笑，就没有输

一下子扎在了那根刺上。

但是，屎壳郎好像并没有发现自己已经陷入困境。屎壳郎正着推了一会儿，不见动静，它又倒着走，还是不行。屎壳郎还推走了周围的土块，试图从侧面使劲。该想的办法它都想到了，但粪球依旧深深地扎在那根刺上，没有任何松动的迹象。

这时，一位过路的人刚好看到了这一切，他不禁为屎壳郎的锲而不舍感到好笑，因为对于这样一只卑小而智力低微的动物来说，实在是不能解决好这么大的一个"难题"。

就在这个路人暗自嘲笑它，并等着看它失败之后如何沮丧离去时，屎壳郎突然绕到了粪球的另一面，只轻轻一顶，顽固的粪球便从那根刺里"脱身"出来了。

屎壳郎就像什么事也没有发生过一样，几乎没有做任何停留，便又推着粪球急匆匆地向前去了。

这个路人怔住了，他突然悟到自己在某些方面并不如屎壳郎。比如自己一旦陷入困境，就牢骚满腹，一旦小有成就，就会到处欢呼，而屎壳郎则受挫不惊，解困不喜。或许，也是一种大智慧！

从屎壳郎身上，我们能够悟到这样一个道理，我们平时所抱怨的痛苦、烦恼，也大多是自找的。生活原本不会给予人这些负面的情绪，而我们之所以会在得失面前表现出大喜大悲，全因放不下名利，一旦得不到，就心生怨恨。这实在不是明智之举。

居功不自傲，得意莫忘形

在人生的道路上，无论取得多么大的成绩都不要炫耀，要懂得掩饰自己的才能，隐藏自身的光芒。

郭子仪是唐朝名将，被封为汾阳王，权倾朝野，当时可谓一人之下，万人之上。

然而，汾阳王府自落成后，郭子仪便命人每天都将府门大开，任人们自由地进进出出。

一天，郭子仪帐下的一名将官要调到外地任职，前来辞行。他知道郭府百无禁忌，就直接走进了内宅，恰巧看见郭子仪的夫人和他的爱女正在梳妆打扮，而郭子仪一会儿递毛巾，一会儿端水。此后，一传十，十传百，整个京城的人都把这件事当成笑话来谈论。

◇你只要笑，就没有输

郭子仪的几个儿子听了觉得很丢面子，便跪求郭子仪，希望他收回大开府门的命令。此时，郭子仪语重心长地对他们说："我敞开府门，任人进出，不是为了追求浮名虚誉，而是为了自保，为了保全我们全家人的性命。"儿子们闻听此言很是诧异，忙问其中原委。

郭子仪叹了一口气，说道："你们光看到郭家显赫，而没有看到这显赫有丧失的危险。我爵封汾阳王，往前走，再没有更大的富贵可求了。月盈而蚀，盛极而衰，这是必然的道理。如果我们紧闭大门，不与外面来往，只要有一个人与我郭家结下仇怨，诬陷我们对朝廷怀有二心，就必然会有落井下石的小人添油加醋，制造冤案。那时，我们郭家老小都将死无葬身之地。"

事实也证明，正是因为郭子仪没有因为得势而居功自傲，所以才使得自己避免了"树大招风"的危险，得以安享晚年。

得意莫忘形，胜而不骄，败而不馁，才是生存的智慧之道。

荣辱不惊，随遇而安

低调者常怀有一颗淡然的心。淡然是对待人生、对待事物、

第六章 遇事不失控，笑对成败得失◇

对待名利达到得之不喜、失之不忧、宠辱不惊的境界。

然而，低调说起来容易，做起来却是有些困难的。大千世界的多姿多彩令我们怦然心动，又怎能不喜不悲呢？关键是你如何去看待。首先，要明确自己的生存价值，心中无过多的私欲，就不会患得患失了；其次，要认清自己所走的路，得之不喜，失之不忧，不要过分看重成败，不要过分在乎别人对你的看法。

居里夫人是一位卓越的科学家，她一生曾两次获得诺贝尔奖，但是她对荣誉看得很淡。

有一天，她的一位朋友到她家做客，忽然看见她的小女儿正在玩英国皇家学会刚刚颁发给她的奖章，于是惊讶地说："得到一枚英国皇家学会的奖章，是极高的荣誉，你怎么能给孩子玩呢？"居里夫人笑了笑，说道："我是想让孩子从小就知道荣誉就像玩具，只能玩玩而已，绝不能永远守着它，否则将一事无成。"

1910年，法国政府为了表示对居里夫人的尊崇，决定授予她骑士十字勋章，但是居里夫人拒绝接受。

在现实生活中，总有许多人经常抱怨活得很累，甚至已经达到不堪重负的程度。

是非、成败、得失让人或喜、或悲、或惊、或诧、或忧、或惧，一旦所求难以实现，人生的希望就会落空。要克服这种失落、失意、失志，就要有一种低调的心态，不为一时的平淡或寂寞而急躁乃至抱怨，也不为一时的辉煌而诚惶诚恐或欣喜若狂。

不要被一时的胜利冲昏了头脑

坦然面对自己的胜利，不要把一时的胜利当作永久的丰碑。一时的成功说明不了什么，人生的路很长，也许下一刻我们就会被打倒，也许下一刻就会遇上解决不了的难题。淡泊处世，以一种平和的心态面对世事，才不至于被人生的骤悲骤喜影响心情，才能够达到一种自由自在的境界。

要知道，笑到最后，才笑得最好。很多时候，胜利过后不一定是辉煌，当我们得意忘形之时，迎接我们的很可能是灭顶之灾。

有一天，一个猎人看到一只大鸟飞得很低，他感到很奇怪，就拿着弓箭追到林子里。这时，他看到了惊心动魄的一幕：一

第六章 遇事不失控，笑对成败得失◇

只蝉在树叶上自鸣得意，引起了螳螂的注意；螳螂正准备捕吃蝉的时候，一只黄雀已经等在后面了；而黄雀却不知此时一只大鸟在它的头顶上盘旋；大鸟更不知，暗处，猎人的弓箭已经瞄准了它。

人们在取得胜利时，常常会像故事中的螳螂、黄雀和大鸟一样，得意忘形，放松警惕。人生在世，无论做人还是做事，都应该谨言慎行。否则，就会埋下灾祸的隐患。

凡是胜利者，必定是经过了千辛万苦。取得成功不容易，保持它就更难。这是因为成功之后的喜悦常使人陷入骄傲自满的境地，失去冷静的头脑，不能正确地看待自己，也不能正确地看待对手。不能控制自己获得成功的喜悦，不忍成功，失败也会随之而来。

无论取得多么辉煌的成绩，那都已经是明日黄花，都已经成了历史。我们应该在欢庆胜利的同时，尽快把目光转向下一个目标，思考自己的下一步应该怎么走。

◇你只要笑,就没有输

第七章

看得开,生活就没有绝境

第一节
与人交往,看开才是大智慧

让别人感觉他比你聪明

装傻是一种智慧。每个人都希望比别人聪明,装傻则可以满足他人的这种心理。他会感到自己很聪明,至少比你聪明一些。一旦他意识到这一点,他便不会怀疑你有其他目的。

在一个小镇上,有一个孩子,人们常常捉弄他。其中最常玩

第七章 看得开，生活就没有绝境◇

的一个游戏是挑硬币，他们把一枚5分硬币和一枚1角硬币丢在孩子面前，他每次都会拿走那枚5分的硬币。

于是大家哈哈大笑，感叹一番"真傻""傻得不可救药"，等等。

一个女教师偶然看到了这一幕，心中非常难过，她为那些没有同情心的人感到可悲。她把那个孩子拉到一边，对他说："孩子，你难道不知道1角钱要比5分钱多吗？为什么要让人家嘲笑你呢？"

出人意料的事发生了，孩子双眼闪出灵动的光芒，笑着说道："当然知道！可是如果我拿了那1角钱，以后就再也拿不到许多的5分钱了。"

这个孩子正是那种貌似愚钝而内心聪明的人，他的傻只是一种伪装。那些肤浅的人在嘲笑他的同时，成为被愚弄的对象。谁聪明谁傻，从表面上是看不出的，真正的聪明人往往不是光彩外露的。

在纷繁复杂、变幻莫测的世界上，那些智者不得不以一副糊涂表象示之于人。然而也唯有如此，方称得上有智慧。

人只要知道自己的愚和惑，就不算是真愚真惑。是愚是惑，

◇你只要笑，就没有输

个人心里明白就足够了。

不把别人比下去，不被别人踩下去

每个人都难免有一些嫉妒心。当你将所有的风光抢尽，将挫败和压力留给别人，那么别人在你的光芒之下，还能够过得自在吗？要知道，一个人锋芒太盛难免伤及他人。要防止盛极而衰的灾祸，必须牢记"持盈履满，君子兢兢"的教诫。

有才却不善于隐匿的人，往往会招致更多的嫉恨。

隋朝大业初年，隋炀帝曾召天下儒官集合在洛阳，令朝中士人与他们讨论儒学。孔颖达年纪最小，道理说得最出色。那些年纪大、资深望重的儒者认为孔颖达超过他们是耻辱，便派人暗中刺杀他。孔颖达躲在杨玄感家里才逃过这场灾难。

唐太宗时，孔颖达多次进谏忠言，因此得到了国子司业的职位，又拜祭酒之职。唐太宗来到太学视察，命孔颖达讲经。太宗认为他讲得好，下诏表彰他，但后来他却辞官回家了。

如果你确实有真才实学，又有很大的抱负和理想，不甘于停留在一般和平庸的阶层，那么，你可以放开手脚大干一场，但有一点，你必须时刻提防周遭人的嫉妒。

要想使自己免遭嫉妒者的伤害，你需要注意自己的言行，尽量不要刺激对方。

喜怒不露于外，好恶不示于人

无论何人，只要进入社会一段时间后，便能多多少少有些察言观色的能力。如果你的喜怒哀乐表达失当，可能会惹来无端之祸。

楚汉战争期间，刘邦兵困荥阳，危在旦夕。而正在这时，刘邦的部下韩信在北线却捷报频传，攻占了齐国。随着军事上的节节胜利，韩信的政治野心也逐渐膨胀起来。他派人面见刘邦，要求封自己为假齐王。刘邦一听，便怒不可遏，对前来送信的信使大声斥责。

张良坐在刘邦身边，急忙用脚轻轻地踢了他一下，附耳说："汉军刚刚失利，大王有力量阻止韩信称王吗？不如顺水推舟，答应他，否则将会产生意外之变。"刘邦立即心领神会，感到前言有失，便话锋一转，改口骂道："大丈夫既定诸侯，就要做个真王，何必要做假王！"刘邦原本就爱骂人，这一骂不足为怪，况且前后两语衔接不错，竟也没露出什么破绽。

不久，刘邦派张良作为专使，为韩信授印册封。刘邦不动声色稳住了韩信，为汉军日后击败项羽做了准备。如果他当时便为此事与韩信闹翻，后果将不堪设想。

生活中，只有以冷静、客观的态度才能做成事。做人要懂得用"保护色"。

俾斯麦35岁时，担任普鲁士国会的代议士。当时奥地利非常强大，曾经威胁德国如果企图统一，奥地利就要出兵干预。

俾斯麦一生都在狂热地追求普鲁士的强盛，他梦想打败奥地利，统一德国。他曾说过一句著名的话："要解决这个时代最严重的问题并不是依靠演说和决心，而是依赖铁和血。"但是令所有人惊异的是，这样一个好战分子居然在国会上主张和平。但这并不是他的真实意图。

他说："对于战争后果没有清醒的认识，却执意发动战争，这样的政客，请自己去赴死吧！战争结束后，你们是否有勇气承担农民面对农田化为灰烬的痛苦？是否有勇气承受身体残缺、妻离子散的悲伤？"

听了俾斯麦的这番演说，那些热衷战争的议员迷惑了，最后，因为俾斯麦的坚持，终于避免了战争。

由于普鲁士主张和平，奥地利很是满意，就一直没有进行阻挠。

几个星期后，国王感谢俾斯麦为和平发声，委任他为内阁大臣。几年之后，俾斯麦成了普鲁士首相，这时他对奥地利宣战，摧毁了原来的帝国，统一了德国。

俾斯麦赞成和平的真实原因，是他意识到当时的普鲁士军力赶不上其他欧洲强国的实力，并不适合发动战争。如果战争失利，他的政治生涯就岌岌可危了。他渴望权力，所以就坚持和自己意愿相反的主张，发表那些违背自己意愿的言论。

如果想战胜对手，就要不断改变行事方法，尤其是在对手对你的情况比较熟悉的时候。改变自己的习惯，让他无法预测到你下一步的行动，就会让他方寸大乱，这时便可趁机将其击垮。如

◇你只要笑，就没有输

果不知道变通，只是一味地使用老方法，在对手的实力不下降的情况下，那等于是继续自寻败路，不可能有奇迹出现。

第二节
笑对苦难

人生没有绝对的苦乐

有一则关于神龙的故事：

一位哲人站在深渊旁，看着深渊里潜藏的神龙。神龙问哲人："啊！尊敬的老先生，我有呼风唤雨的神通，通天彻地的变化，却不得不深藏在深渊之中。请问我何时才能昂首挺胸，飞腾在蓝天之上呢？"

哲人回答："现在冰天雪地，阴气正盛，你不要轻举妄动，否则会招来灾祸。"

过了几天，春雷滚动了，哲人呼唤道："神龙啊，快快腾飞吧！现在正是你一展身手的时候！"于是，波翻浪涌，神龙跃出深渊，盘旋了一圈，驾着白云向青天飞去。

◇你只要笑，就没有输

在空中，它播云降雨，地上的人们纷纷仰望。神龙得意了，向更高的天空上升，哲人赶紧呼喊道："神龙啊，停下来吧！上到极点，你还要去哪里呢？"可是神龙不听，继续升高，地上的人们看不到它了，云气也托不住它了，它的身子迅速坠落，这时它开始后悔，可惜为时已晚。

这则故事暗含的人生哲理可谓丰富：人面临的境遇是不断变化的，就如变化是这个世界的本质状态一样。潜藏在深渊的时候，不能焦急丧气，要心怀乐观；一飞冲天时，更不能骄傲自满，盲目乐观，要居安思危。

海伦·凯勒对生活的乐观情绪感染着全世界，她说："面对阳光，你就会看不到阴影。"

有一位信徒问禅师说："同样一颗心，为什么心量有大小的分别呢？"

禅师并未直接回答，他对信徒说："请你将眼睛闭起来，默造一座城垣。"

于是，信徒闭目冥思，心中构想了一座城垣。

信徒说:"城垣造完了。"

禅师说:"请你再闭眼默造一根毫毛。"

信徒又照样在心中造了一根毫毛。

信徒说:"毫毛造完了。"

禅师问:"当你造城垣时,是只用你一个人的心去造,还是借用别人的心共同去造呢?"

信徒回答道:"只用我一个人的心去造。"

禅师问道:"当你造毫毛时,是用你全部的心去造,还是只用了一部分的心去造呢?"

信徒回答道:"用全部的心去造。"

接着,禅师就对信徒开释:"你造一座大的城垣,只用一个心;造一根小的毫毛,还是用一个心,可见你的心能大能小啊!"

生活中,每个人都会遇到一些伤心或烦恼的事情,应该学会适应自己所处的环境,不死钻牛角尖,乐观地面对生活。从心理学的角度来看,这是一种积极的心理自我调整,只有善于调整自我的人,才能健康、快乐地生活。

◇你只要笑，就没有输

不能改变环境，就学着适应

很多人在问："社会变化了，我能够做什么？"人的生存离不开环境，环境一旦变化，我们就必须随时调整自己的观念、思想、行动及目标，以适应这种变化。

刚刚从音乐学院毕业的小李，被分配到一家国企的工会做宣传工作。刚开始，他很苦恼，认为自己的专业与工作不对口，在这里长期干下去，不但自己的前途会耽误，而且自己的专长也可能荒废。于是，他四处活动，想调到一个适合自己发展的单位。可是，几经折腾，也未成功。之后，他便死心塌地地安守在这个工作岗位上，并发誓要改变"英雄无用武之地"的状况。

小李找到单位工会主席，提出了自己要为企业组建乐队的计划。正好这个企业刚从低谷走出来，扭亏为盈，开始进入高速发展阶段，工会主席就欣然同意了他的计划。

他来了精神，跑基层、寻人才、买器具、设舞台、办培训，不出半年，就使乐团初具规模。两年后，这个企业乐团的演奏水平已达一流，而他自己也成了全市知名度较高的乐队经理。

通过努力,他改变了自己所处的环境,化劣势为优势,不但开辟出自己的用武之地,而且培养了自己的领导管理才能,为以后寻求更大的发展奠定了坚实的基础。

有了适应环境的决心和勇气,肯定能够想出解决问题的好方法。但现实生活中,有的人不去努力寻找、创造新的机会,而是怨天尤人、自暴自弃,以致一生难有任何作为。

其实,我们经常会身处一种陌生、被动的环境中,此时正确的做法就是适应环境,在适应中改变自己、提升自己。

第八章

沉住气，积蓄力量

第一节
低头做人，才能厚积薄发

处高位时要低头

生活中，骄傲自大之人比比皆是，尤其是当他们做出了一点成绩的时候，便更加趾高气扬。身处高处，更需要适时地放低姿态，学会适当低头。适时地低头并不是消极的表现，反而是另外一种意义上的积极，有时候这种低头还能消除隐患，化解危机。

第八章 沉住气，积蓄力量

1860年，在经历了无数次的失败后，林肯终于当选为美国总统。在当选总统的那一刻，整个参议院的议员们都感到十分尴尬，因为他们的新总统是一个鞋匠的儿子。当时，美国的参议员大部分出身贵族，他们从未想过有一天要面对的总统竟然是一个鞋匠的儿子。于是，有许多议员想趁林肯在参议院发表演说的时候羞辱他一番。

在林肯刚刚走上演讲台还没开始说话时，一位参议员便站了起来，他态度傲慢地说："林肯先生，在你演说之前，我希望你记住，你是一个鞋匠的儿子。"

所有议员大笑起来，虽然他们自己不能打败林肯，但是有人羞辱了林肯，照样使得他们开心不已。

林肯的脸色反倒很平静，他并未辩解什么。只是等到笑声停止以后，他才诚恳地对那个傲慢的参议员说："我非常感谢你使我想起我的父亲，他已经过世了，我一定会记住你的忠告，我永远是鞋匠的儿子，而且我还知道，我做总统永远都无法像我的父亲做鞋匠那样出色。"

参议院陷入一阵静默中，林肯接着又对那个参议员说："据我所知，我父亲以前也为你的家人做过鞋子，如果你的鞋子不合

◇你只要笑，就没有输

脚，我可以帮你修理它，虽然我不是伟大的鞋匠，但是我从小就跟随我父亲学会了做鞋子。"

接着，林肯对所有的参议员说："对参议院的任何人都一样，如果你们穿的那双鞋是我父亲做的，而它需要修理或改善，我一定尽可能地帮忙，但是有一件事是可以确定的，我无法像他那么伟大，他的手艺是无人能比的。"说到这里，林肯流下了眼泪。那一刻，所有的嘲笑都停止了，整个参议院都被雷鸣般的掌声填满了。

林肯的父亲是一个鞋匠，林肯从不隐瞒这一点，而且他也从没有因为当选为总统而不愿被人提及这个事实。相反，他仍然能在大庭广众之下放低姿态，这也是他赢得民心的一个重要因素。

所以说，不要以为身处高位便是达到了人生的制高点。要知道，一时的高处并不能说明什么。

当批评、讪笑、诽谤的语言像石头一样向你砸来，你应该像林肯那样，不以身份为贵，放低姿态。

第二节
沉得住气，才能成大器

流言蜚语又何妨

对于别人的妄言，如果我们不想被它伤害，那就不要去理会它。

宋朝有个叫吕蒙正的人，年纪轻轻很有才华，皇帝因此很赏识他，就封他做了宰相。时间不长，就有官员经常在背后和别人说："你看这小子，没名没实的，他也配当宰相吗……"吕蒙正听见了，却假装没有听见，大步走开了。

吕蒙正的随从为此愤愤不平，准备利用手中的权力去好好治一下这些大臣。吕蒙正知道后，急忙阻止了他们，并对他们说："如果完全知道了他们都是谁，那么我就会一辈子也忘不掉。这样的话，难免会耿耿于怀，多不好啊！因此，还是不要去寻查这些人都是谁了。"手下的人都佩服他的气量如此宽宏。

◇你只要笑，就没有输

因为这件事情，有人向皇帝打小报告说："吕蒙正为人太糊涂。"皇帝却说："吕蒙正小事糊涂，大事不糊涂。正因为如此，才适合做宰相。"

中外历史上的很多名人受到过妄言的攻击，美国总统罗斯福的夫人埃莉诺也一样，但她每一次都能泰然面对。她常常说："避免别人攻击你的唯一方法就是，你得像一只有价值的精美瓷器，有风度地静立在架子上。"世间的事情都是复杂的，不可能也没必要事事都做到一丝不苟。对其他人恣意妄言，不必太在意，因为事实会说明一切。

小仲马的一位朋友对他说："我在外面听到许多关于你父亲大仲马的坏话。"小仲马当即摆出一副无所谓的样子，他回答："这些事情都不必去管它，我的父亲大仲马是个很伟大的人。打个比方，他就像一条波涛汹涌的大江，你仔细地想想看，如果有人对着大江小便，那根本无伤大雅，不是吗？"

其实，低调者就该如此，对于听到的别人的流言蜚语，应该客观地分析、判断。只要认为自己的做法合理，站得住脚，那么就可以坚持到底，不必妥协。对于那些纯属恶意的人身攻击、诽谤、诋毁，也不妨装聋作哑。如果能做到低调行事，麻烦、恼火、损失自然就会少得多。

坚持不懈才能得到最大的奖赏

西方有位哲人指出："人生长期考验我们的毅力，唯有那些能够坚持不懈的人，才能得到最大的奖赏。毅力到此地步可以移山，也可以填海，更可以让人从芸芸众生中脱颖而出。"

1917年10月的一天，在美国某小镇，一家小农舍的炉灶突然发生爆炸。当时，屋里有一个8岁的小男孩，很不幸的是，他没有逃过这次劫难，他的身体被严重灼伤。虽然父母迅速地将他送进医院，伤势得到了及时的控制，但是医生最终仍然表示无能为力，无奈地告诉他的父母："孩子的双腿伤势太严重，恐怕以后再也无法走路了。"医生的话犹如晴天霹雳，父母伤心欲绝，他们不敢面对这个事实，也不敢将这个坏消息告诉儿子。但是，又能隐瞒多久呢？小男孩终于知道了自己将要面对的悲惨现实。

◇你只要笑，就没有输

　　生活有时就是这么残酷！面对如此不幸，小男孩没有哭，也没有就此消沉，他暗暗下定决心：一定要再站起来。小男孩在病床上躺了好几个月，终于可以下床了。他拒绝坐轮椅，坚持要自己走。但是，他连站起来的力气都没有，怎么可能走路呢？小男孩试了一次又一次，都没有成功。看着小男孩倔强的样子，医生劝他："还是坐在轮椅上吧！以你现在的身体状况，是绝对不可能站起来的。"听到这番话，母亲忍不住大声痛哭。小男孩也颓然地倒在床上，一动不动地盯着天花板，没有任何表情，谁也不知道他在想什么。

　　在以后的日子里，父母看见儿子终日试图伸直双腿，不管在床上，还是在轮椅上，累了就歇一会儿，然后接着练。就这样足足坚持了两年多，小男孩终于可以伸直右腿了。

　　这下，家人对他有了信心，只要有机会，大家都会帮着小男孩练习。一段时间后，小男孩竟然可以下地了，但他只能一瘸一拐地走路，很难保持平衡，走几步就会摔倒。又过了几个月，小男孩能正常走路了，虽然拉伸肌肉让他疼得说不出话来，但这是生命的奇迹，也是信心的奇迹，更是钢铁般意志所创造的奇迹。

这时，小男孩想起医生说过自己再也不可能走路的话，但现在，自己做到了，他不由得露出了笑容。这个胜利促使他做出一个更大胆的决定：从明天开始，每天跟着农场上的小朋友跑步，直到追上他们为止。

经过不懈的锻炼，小男孩腿上松弛的肌肉终于再次变得紧实起来。多年之后，他的腿和从前一样强壮，仿佛从来没有发生过那次意外。男孩进入大学后，参加了学校的田径赛，这之后，他立志成为一名长跑选手。自此，男孩的一生都和长跑运动紧密相连。这个男孩就是美国长跑选手格连·康宁罕。

人的一生，都会遇到低谷，只有经过磨砺，我们的人生才会光芒四射！只要你拥有对生命的热爱，苦难就永远奈何不了你。

击败逆境，你就能笑到最后

人生在世，与命运抗争几个回合后，便臣服于逆境、挫折，那么你无疑将输掉一生的幸福。

1997年12月，英国报纸刊登了一张英国皇室查尔斯王子与一

◇你只要笑，就没有输

位游民合影的照片。这是一段戏剧性的相逢！原来，查尔斯王子在寒冷的冬天拜访伦敦穷人时，意外地遇见了以前的校友。这位游民克鲁伯·哈鲁多说："殿下，我们曾经就读同一所学校。"

王子反问在什么时候？他说，在山丘小屋的高等小学，俩人还曾经互相取笑彼此的大耳朵。

曾经，哈鲁多出身于金融世家、就读于贵族学校，后来成为作家。老天爷送给他两把金钥匙——"家世"与"学历"，让他可以很快进入成功者的俱乐部。但是，在两次婚姻失败后，哈鲁多开始酗酒，最后由一名作家变成了游民。

我们不禁要问，打败哈鲁多的是两次失败的婚姻吗？不是。从他放弃积极态度的那刻起，他就输掉了一生。

法国伟大的批判现实主义作家巴尔扎克，一生创作了96部长、中、短篇小说和随笔，对世界文学的发展产生了巨大影响。

在成名前，巴尔扎克曾经过着困顿和狼狈的日子，很少有人能够想象得出，那种窘迫与艰辛曾经是怎么折磨他的。

巴尔扎克的父亲一心希望儿子可以当律师，将来在法律界有

第八章 沉住气，积蓄力量 ◇

所作为。但巴尔扎克根本不听父亲的忠告，学完四年的法律课程后，他偏偏想当作家，为此父子关系相当紧张。盛怒之下，父亲断绝了巴尔扎克的经济来源。而此时，巴尔扎克投给报社、杂志社的各种稿件被源源不断地退回来。他陷入了困境，开始负债累累。

然而，他丝毫没有向父亲屈服。有时候，他甚至只能就着一杯白开水啃干面包。但他依然乐观，对文学的热爱已经深深地根植在他的内心，他觉得没有什么困难可以阻挡自己的脚步。他想出了一个抵抗饥饿的办法，每天用餐时，他随手在桌子上画出一个个盘子，上面写上"香肠""火腿""奶酪""牛排"等字样，在想象的欢乐中，他开始狼吞虎咽。

为了激励自己，穷困潦倒的巴尔扎克还花费700法郎买了一根镶着玛瑙石的粗大手杖，并在手杖上刻了一行字：我将粉碎一切障碍。正是手杖上的这句名言，支持着他不断地向创作高峰攀登。最终，他获得了巨大的成功。

成功人士并不是天生的强者，他们的坚强、韧性并非与生俱来，而是在后天的奋斗中逐渐形成的。

◇你只要笑，就没有输

　　只要相信弱者不弱，勇敢面对人生的诸多大敌，一定也可以笑到最后。

你只要笑，就没有输